Astronomy:"O Universo De Solares."
(T1:EP1)

(Léo Raphael.)

Dedicatória

" Dedico essa série de livros cósmicos para todos os apaixonados pela astronomia, para aqueles cujos corações pulsam ao rimo das Estrela. Que cada página anime suas paixões celestiais, fazendo com que flutuem sem gravidade pelas galáxias com os olhos brilhantes e almas incandescentes. Que a emoção dos mistérios cósmicos os envolva, transformando cada leitura do Astronomy: "Universo De Solares." em uma jornada inter-estelar incrivel e inesquecível."

(Léo Raphael.)

ÍNDICE

INTRODUÇÃO

- Há 14 Bilhões de anos atrás, um imenso Asteroide que surgiu com a explosão do Big Bang, iniciou sua viagem pelo o Espaço infinito. Ele possuía na sua composição todos os gases, átomos e partículas que formaram o nosso Universo.

Após bilhões de anos viajando pelo espaço sem fim, esse gigante Asteroide retornou e colidiu com a terra, causando uma grande destruição em massa e matando 99% da civilização humana.

A colisão desse mega asteroide, causou uma super mutação genética em todas as mulheres virgens sobreviventes da civilização e com essa mutação elas adquiriram uma marca em sua mão direita.

Essa marca simbolizava a nuvem de matéria interestelar chamada : "Nebulosa"!

Dando a todas essas mulheres virgens e aos seus descendentes poderes astronômicos, incomparáveis e inimagináveis.
 E assim surgiu a nova era da Renovação Universal e Cosmológica da vida na terra, entre os humanos comuns e todos os seres marcados descendentes das Nebulosas, que agora são chamados de: "Os Galácticos".

(Escrito em formato de roteiro com diálogos explicados pelos os próprios personagens)

(Autor disponivel para parcerias futuras com editoras ou redes de streams para possiveis lançamentos de anime, livros, séries, dentre outros, surgindo interesse entrar em contato através do email:)

(rafael-sd@outlook.com.br).

"ASTRONOMY"

O Universo
De

Episódio 1:
"As Crônicas Do Rei Deus, Solar"

PARTE 1

As Crônicas Do Rei Deus, Solar.
Ano: 1.099.000 Anos-Luz.
Localização: Povoado Sul da Ilha do Sol.
Período: Noite.
Clima: Chuvoso.

Em uma ilha misteriosa e cheia de segredos, chamada de "Ilha Do Sol", que possui em seu interior a maior floresta tropical de todo o universo galáctico, sendo cercada pelos lendários e majestosos sete mares, onde a sua localização só é possível ser encontrada através de uma bússula atômica especial. A jovem Planeta Errante Bella, juntamente com a sua bela família, se preparam para dormir, dentro da sua pequena e aconchegante casa, enquanto caem do céu noturno, uma grande quantidade de moléculas, formadas por átomos de hidrogênio e oxigênio, sobre o seu humilde e pequeno telhado ao som de raios e trovões.

Bella:
— Hora de dormi meus Amores!

Clara:
— Ah mamãe ainda tá cedo.

Naomi:
— Cadê o meu ursinho flu-flu que estava aqui em cima da cama?
— (Buáaaa... Buáaaa... Buáaaa)

Bella:
— Está aqui meu amor.
— Você havia deixado na cozinha.

(Som de espadas de madeira colidindo uma contra a outra.)

Sayuri:
— Toma isso! toma isso!

(Puff, Puff, Puff)

Sayuri:
— Ai, fui atingido na barriga pela a sua espada!

(O pequeno Sayuri cai sobre a sua cama, rolando para o chão e fingindo a sua trágica morte.)

Hideki:
— Você nunca vai me derrotar, porque eu sou o melhor espadachim que já existiu!

(O destemido Hideki pulando sobre o colchão do seu pequeno irmão declarando vitória, levanta a sua espada para os céus, como um ato de força e coragem.)

Hideki:
— Eu venci!

Shin:
— Ah, Que saco!
— Vocês não calam a boca!

(O jovem Shin que se encomoda com o barulho da brincadeira dos seus irmãos, coloca o seu travesseiro de plumas de ganso, sobre a sua cabeça para amenizar o barulho.)

Sayuri:
— Agora é a minha vez de te vencer espadachim Hideki.

Hideki:
— Venha espadachim Sayuri!

(Sayuri então levanta do chão correndo e sobe novamente em cima da cama, em seguida, um aponta a espada para o outro novamente, iniciando assim mais um combate, enquanto a pequena Naomi com sono, boceja sobre a sua cama, abraçando o seu fofinho ursinho flu-flu.)

Bella:
— Meu bebes...
— É hora de durmir.

Hideki:
— Tabom, tabom...

Sayuri:
— Estamos indo mamãe...

(Sayuri e Hideki deitam cada um em sua própia cama, guardando consigo debaixo dos seus cobertores, as suas majestosas espadas.)

Bella:
— Todos deitados?

Clara, Naomi, Sayuri, Hideki:
— Simmmmm!

(Todos respondem alegremente.)

Shin:
— Boa Noite Mãe.

Bella:
— Boa Noite meus amores.
— Amo vocês!

(E então a jovem Bella caminhando pelo o quarto, cobre cada um dos seus filhos e filhas, usando cobertores de lã, felpudos e quentinhos feitos com pele de carneiro, beijando cada um dos seus filhos em suas testas e fechando os mosquiteiros que separam as camas das meninas e dos meninos.)

Bella:
— Hora de apagar a...

Hideki:
— Mamãe, Mamãe, conta uma história para a gente dormir.

Clara:
— Boa ideia irmãozinho!

Sayuri:
— Isso mamãe, conta, conta, conta...

Naomi:
— É mamãezinha, por favor...
— O flu-flu também está pedindo...
— Se não ele não vai conseguir dormir.

(A pequena Naomi sorrir graciosamente mostrando toda a sua fofura.)

Shin:
— AH NÃO...
— MAIS BARULHO!

(A Bella olha para o rostinhos de felicidade dos seus filhos, que estão na esperança de ouvirem uma história e o amor por eles fala mais alto do que o seu própio sono e cansaço, após mais um dia longo de trabalho.)

Bella:
— Tá bom, Tá bom meus amores.
— Mas só uma.

(A Bella reabre os mosquiteiros e todas as crianças comemoram alegremente.)

Sayuri e Hideki:
— OBA!

Naomi:
— Eu quero das princesas mamãe e o flu-flu também.

Sayuri:
— Não Naomi, hoje é meu dia de escolher, ontem já foi o seu!
— Vou pegar o livro mamãe!

(O pequeno Sayuri corre para a pequena prateleira de madeira, que fica ao lado da grande janela e pega um grande livro de capa dourada.)

Naomi:
— (Buáááááá, Buáááá...)

Bella:
— Calma Naomi, calma.
— Amanhã é sua vez querida.

Naomi:
— Promete Mamãezinha?

(A Naomi coça os seus pequenos olhinhos enxugando as lágrimas.)

Bella:
— Prometo querida.
— Qual história vocês querem ouvir hoje meus bebês?

Hideki:
— A mesma de sempre mamãe.

Sayuri e Hideki:
— SOLAR! SOLAR! SOLAR!

Shin:
— Denovo essa história idiota, meu Deus.

Clara:
— Já parou de chover mamãe?

Bella:
— Acho que sim querida...

(A Clara levanta da cama com o seu cobertor sobre o corpo, pega o seu pequeno banquinho de madeira redondo e corre para a janela do quarto. Tudo para poder ouvir a bela história que está prestes a ser contada, enquanto olha para o céu noturno que está começando a abrir, na esperança de poder admirar as deslubrantes estrelas e as danças magníficas das famosas auroras boreais, que todas as noites brilham sobre a Ilha Do Sol, como joias preciosas em uma dança mágica e celestial. E quando ela se apróxima da janela e olha para o céu, é surpreendia por algo veloz, sublime e muito brilhante.)

Clara:
— Mamãe, Mamãe, olha!
— Uma estrela cadente!

Sayuri:
— Onde, onde?

Clara:
— Olha lá!
— Está caindo!

(Todos os seus pequenos irmãos correm empolgados para a janela do quarto e olham para o céu admirados, ao verem a estrela cadente cruzando os céus noturno, brilhando intensamente como um Raio De Luz azul.)

Bella:
— Corre! Faz um pedido Clarinha.

Naomi:
— Ah, Eu também quero fazer um pedido mamãezinha!

Bella:
— Pode Fazer também meu amor.

Naomi:
— Eu quero um ursinho Flu-Flu do tamanho dessa casa!

Shin:
— Naomi, não pode falar o seu pedido, se não ele não se realiza!

Sayuri:
— Mas, não vai se realizar de qualquer jeito irmãzinha, pois aqui dentro não cabe um ursinho flu-flu do tamanho dessa casa!
— Já quase mal cabe a gente!
— Quem dirá um urso gigante!
— Se é que existe né hahaha!

(Todos dão belas gargalhadas da Naomi e ela faz um biquinho de choro, em seguida ela começa a chorar gritando novamente.)

Naomi:
— (Buáaaa...Buáaaa... Buáaaa...)

Hideki:
— Eu heim!
— Que menina chorona, chora por tudo!

Sayuri:
— É, essa boca de matraca!

Bella:
— Ei, não falem assim da sua irmãzinha filhos!

— E calma meu amor, calma...
— Vai se realizar sim, vai se realizar sim...
— Vem com a mamãe vem.

(A Bella pega a Naomi no colo e a leva novamente para a cama a consolando.)

Hideki:
— Ah bebezinha da mamãe!

Sayuri:

— Ai meu ursinho flu-flu-flu!

(Todos riem.)

Clara:
— Vocês estão rindo dela mais ontem, foi o Sayuri que mijou na cama...
— E hoje eu peguei o Hideki no fraga mamando na mamadeira dela!

Shin:
— Toma!
— Seus bebezões!

(A Bella sorri e os dois meninos se calam envergolhados.)

Bella:
— Agora chega...
— Todos são os meus bebezinhos da mamãe!

— Em falar nisso...
— Já estão prontos para a história???

(Todos voltam para a cama correndo com excessão da Clara, que permanece debrussada na janela, sobre a luz da lua cheia, das estrelas e das preciosas e magníficas auroras boreais.)

Bella:
— Preparados, cavaleiros???

Sayuri, Hideki:
— Simmmmm...

Bella:
— Preparadas princesas?

Naomi, Clara:
— Simmmmmm...

Bella:

— Então vamos lá!

(A Bella senta sobre a cama da sua filha mais nova, a pequena Naomi e abre um livro chamado:

que possui em sua capa um lindo Sol pintado de amarelo muito brilhante e então, ela começa a ler para os seus pequenos e adoráveis filhos.)

Bella:
—

ra uma vez um jovem menino de cabelos médios e loiros, que morava em uma grande Ilha, cercada por um imenso oceano. Ele morava com a sua vovó, ao sul da Ilha, em uma pequena e aconchegante casa, que ficava em cima de uma pequena colina. Ele era belo, atencioso e sempre ajudava a todos que podia do seu povoado, porque ele possuia dentro do seu peito, um amável e bondoso coração. Um dia, ele acordou bem cedo e muito empolgado, e foi correndo na velocidade da luz para a floresta da Ilha, tudo para encontrar o seu poderoso Mestre que era chamado de: "O Grande Sábio".

No caminho ele encontrou com o Sr Padeiro que lhe disse:
— Bom dia Solar?

— Bom dia Sr Padeiro.
Respondeu Solar.

— Onde você vai com tanta pressa?
Perguntou o Sr Padeiro curioso.

E então Solar respondeu:
— Hoje é o meu primeiro dia de treinamento com "O Grande Sabio" Sr Padeiro, eu estou muito feliz, pois eu esperei muito tempo por esse grande momento e finalmente ele chegou.

— Ah é mesmo, Parabéns Solar! Eu sabia que você iria conseguir convencê-lo.

Disse o Sr Padeiro.

— Muito obrigado.
Respondeu Solar.

— Vejo que você está bem mais rápido do que antes, você aceita mais um desafio hoje?
Perguntou o Sr padeiro.

— Com certeza.
Respondeu Solar, com o sorriso estampado no rosto.

— Então vamos lá .
Disse o Sr Padeiro:

(Música de ação)

Sr Padeiro:
— São 100 entregas, cada uma está localizada em uma extremidade da ilha. Todas estão em direções diferentes e opostas umas das outras.

Regra número 1:
— Não chacoalhe ou aqueça as garrafas de vidro de leite para não o estragar, não aperte os pães para não amassar e muito cuidado para não derrubar nenhum item.

Regra Número 2:
— Você deve bater três vezes nas portas de todos os clientes! E em todo o trajeto, do início até o fim , você não pode, respirar!

E Regra Número 3:
— Você tem apenas...
— 1 segundo!

— Preparado Solar?

Solar:
— Sim, Sr Padeiro!

Respondeu ele todo empolgado com o desafio e com um olhar e um sorriso, desafiador.

— E Só mais uma coisa Solar.
Disse o Sr Padeiro.

— O que?
Perguntou Solar.

— Não exagere na velocidade!
Respondeu o Sr Padeiro, com um grande sorriso em seu rosto.

(Solar então retribui o sorriso se alongando e se aquecendo, pronto para mais esse grande desafio.)

O Sr Padeiro, com um relógio dourado em sua mão direita, esperando o ponteiro tocar o topo dos segundo, inicia o grande desafio dizendo:
— Preparar, Apontar e...
— Já!

E Então o Sr padeiro deu a partida, abrindo a porta da padaria. Todos os produtos ainda estavam cada um em sua prateleira.

Ele então piscou os olhos.

E lá já estava Solar, bem na sua frente, sem cair se quer uma gota de suor e ele ainda segurava o folego.

Ele chegou bem antes do ponteiro do relógio conseguir marca um segundo.
Todas as regras foram cumpridas com sucesso.
E os deliciosos produtos da humilde padaria do Sr Padeiro, foram todos entregues corretamente na velocidade da luz, assim que as portas se abriram.

— Parabéns Solar.
Disse o Sr Padeiro alegremente e comemorando batendo palmas.

— Muito obrigado Sr Padeiro, um dia eu alcanço o Sr.
Respondeu Solar com alegria.

— E esse dia está chegando meu querido, está chegando.

— Pelo o que vejo agora, você já está muito mais rápido do que antes e é só questão de tempo para você conseguir me ultrapassar na velocidade.
Respondeu o Sr Padeiro com um brilho nos olhos.

— Ah, Parabéns pelo seu milionésimo desafio concluído com sucesso, um milhão de desafios concluídos não é pra qualquer um!

Afirmou o Sr Padeiro.

— Muito obrigado.
Respondeu Solar, orgulhoso por ter alcançado essa grande meta.

E então o Sr Padeiro disse:
— Toma!
— Leve esse relógio com você como a sua medalha, esse é o meu presente para você, por sempre ter me ajudado com tudo.

Esse é o relógio mais preciso e precioso de todo o Universo.
É um relógio atômico, passado de geração a geração pela minha família.
E agora, ele é todo seu, cuide dele com a sua vida Solar.

(O Solar olha para o relógio, impressionado com o seu alto brilho dourado.)

— Uau!
— Muito obrigado Sr Padeiro, mas...
— O Sr tem certeza que ele não irá lhe fazer falta?
Perguntou Solar admirado com o belíssimo presente.

— Tenho meu querido, Eu já estou atrasado faz muito tempo

hahaha.

Respondeu o Sr Padeiro com um grande sorriso no rosto.

Solar:

— Então, tudo bem...

— Muito obrigado pelo belissimo presente Sr Padeiro!

— E pode deixar!

— Eu cuidarei dele com a minha vida!

Afirmou Solar fechando o seu punho direito com força e em seguida guardando o relógio em seu bolço.

— Tchal Sr Padeiro, eu vou indo para o meu primeiro dia de treinamento, "O Grande Sábio" já deve está lá me esperando.

— Tchal Solar, mande um abraço para "O Grande Sábio" por mim.

— Sim Sr, pode deixar!

Respondeu Solar correndo em direção a floresta da ilha.

Assim então, durante esse breve momento com o seu velho amigo, ele gastou do seu tempo, apenas 10 segundos no total, conversando e fazendo a desafiadora missão do Sr Padeiro, mostrando assim para o mundo a sua alta veloci...

Clara:

— Mamãe, Mamãe, Mamãe!

— Outra estrela cadente passando no céu!

Hideki:

— O que?

— De novo Clarinha?

Sayuri:

— Que legal.

— Eu também quero ver!

Naomi:

— Vamos flu-flu!

(Todos correm para a janela novamente.)

Bella:
— Corre Clarinha faz mais um pedido, hoje é o seu dia de sorte!

Clara:
— Já fiz mamãe...
— Assim que a ví!

Naomi:
— Eu também mamãe!
— Dessa vez eu não vou falar para esses bobões!

(A Naomi mostra a lingua para os seus pequenos irmãos assoprando com as suas bochechas rosadas, enquantos eles riem do seu pedido anterior.)

Bella:
— Então ta bom minha querida, vamos continuar a história?

Naomi:
— Mamãe!
— Mamãe!
— Eu desejei ser uma estrela cadente!
— Ops!

(A pequena Naomi não resiste e conta o seu desejo sem querer para a sua mamãe em voz alta no meio de todos, na mesma hora ela tampa a boca com o seu ursinho flu-flu envergolhada e os seus irmãos caem na gargalhada novamente.)

Bella:
— Você será meu amor...
— Você será...

(Som de espadas de madeira colidindo mais uma vez, uma contra a outra.)

Hideki:
— Você está ficando esperto espadachim Sayuri!

Sayuri:
— Aprendi com você Mestre Hideki!

Bella:
— Meninos?

Hideki:
— Estamos indo mamãe.

(Os dois correm para a cama novamente.)

Bella:
— Continuando a história...

E então Solar foi para a floresta para encontra o seu Mestre "O Grande Sábio" e quando chegou lá, iniciou o seu árduo e longo treinamento que durou muitas décadas, séculos e milénios.

Ao passar dos anos, o Solar foi crescendo e amadurecendo, ficando cada vez mais forte e poderoso.

Até que um dia uma grande tragédia aconteceu!

Uma chuva de Estrelas caiu no meio da Ilha, destruindo uma boa parte dela.

As poderosa Estrelas que cairam, junto com outros poderosos inimigos que vieram com elas, declararam guerra e conseguiram derrotar quase todos moradores fortes e poderosos da ilha. O plano deles era destruir o nosso povoado, eliminar todos os moradores da ilha, roubar o nosso lar, as nossas terras e tudo o que nós construímos.

Mas então, o poderoso Solar, que já estava com 15 mil Anos-Luz de idade não deixou e ele enfrentou sozinho todos os inimigos com a sua imensa força, poder e coragem.

Ele derrotou sozinho todos os inimigos invasores com o seu imenso poder, em uma guerra que durou cerca de mil Anos-Luz.

Quando acabou essa grande guerra, ele conseguiu tirar a espada do líder dos inimigos e essa espada era feita com um material galáctico raro, sendo o mais resistente de todo o Universo. A cada corte que a espada fazia, ela amolava a sí mesma e o seu brilho era tão intenso, grandioso e majestoso, quanto o brilho do nosso esplendido Sol.

E então ele com a Espada na sua mão direita, subio na montanha mais alta da Ilha e ergueu a Espada ao Sol, fazendo ela brilhar por todos os quatro ventos, provando assim a sua grande vitória para todos os moradores e sobreviventes da grande Guerra.

E a partir daquele dia, Solar ficou conhecido como um "Deus".

E Então, todos os moradores gratos e agradecidos por ele ter vencido todos os inimigos que surgiam durante muitos Anos-Luz, decidiram então tornar o Deus Solar em Rei, construindo para ele um grandioso e majestoso castelo, no topo da montanha mais alta da Ilha, a mesma montanha que ele um dia declarou a sua primeira grande vitória, contra os poderosos inimigos "As Estrelas Invasoras."

E todos começaram a segui-lo com muito amor, respeito e lealdade.
Pois ele se tornou um grande: Líder, Herói e Rei.

E a partir daquele dia, Solar ficou famoso por todo o mundo, ficando conhecido em todo o universo galáctico como:

Bella:
— E fim meus amores.

Naomi:
— "zzzzzzzzzzzzzzzzzzz"

Bella:
— A Naomi já durmiu!
— (Sorriso)
— Agora é hora de vocês durmirem também meus be...

Clara:
— MAMÃE, MAMÃE!
— OLHA!

— MAIS UMA ESTRELA CADENTE!
— O QUE ESTÁ ACONTECENDO MAMÃE???

(A Bella se aproxima da janela e olha para o céu.)

Bella:
— Realmente filha mais uma Estrela, o Universo realmente está ao seu favor, faz mais um pedido querida!

Clara:
— Com essa já são três mamãe!
— E essa também é azul como as outras duas!
— Por que está caindo tantas Estrelas cadentes?
— Elas parecem que caíram no castelo do reino mamãe!

Bella:
— Não, não querida!
— Foi só impressão sua.
— Todos os dias centenas de estrelas cadentes cruzão os céus...
— Isso é totalmente normal querida...
— Hoje é apenas o seu dia de sorte!

(Os dois garotos ficam em pé sobre as suas camas.)

Sayuri:
— Ele é incrivel e o mais forte de todos!

Hideki:
— É mesmo irmãozinho!
— Eu nunca me canso de ouvir essa história!

(Eles apontam as suas espadas um para o outro e recomeçam a sua batalha.)

Sayuri:
— Eu sou o Rei Deus, Solar!

Hideki:
— Não, não!
— Eu sou o Rei Deus, Solar!

Shin:
— Vocês parecem mais com os Padeiros Solares.
— Hahaha!

(Todos dão risadas.)

Clara:
— Mamãe, Por que nunca vimos a vovó?

Bella:
— Porque ela mora muito longe minha querida.

Hideki:
— Mamãe, mamãe, como o Rei Deus, Solar conseguiu ficar tão forte e poderoso???
— E como ele conseguiu vencer sozinho todas "As Estrelas Invasoras"???

Sayuri:
— Mamãe, mamãe!
— O Rei Deus Solar ainda mora lá no castelo???

Clara:
— Mamãe, se tem um Rei no castelo também tem Rainhas e Princesas não é mesmo???

Shin:
— Claro que não né seus pestinhas!
— Isso é só mais uma história idiota!
— Não passa apenas de uma lenda!

Hideki:
— É real sim, todo mundo fala que ele ainda mora lá no castelo, mas só algumas pessoas podem vê-lo!

Sayuri:
— Meu amigo disse, que os pais dele disse para ele, que o Rei Deus Solar brilha muito, mais muito mesmo!
— Brilha tanto quanto o sol!

Clara:
— Minhas amigas dizem irmãos, que isso tudo é verdade!
— E que os Reis e as Rainhas são seres de luz celestial e que eles são como anjos, por isso só os Galácticos conseguem vê-los!

Hideki:
— Só os Galácticos???

Sayuri:
— Mas...
— O que é um Galáctico mamãe?

Shin:
— Nada disso existe!
— Isso é apenas um Mito!
— MITO!

— E mesmo se ele existio, não tem como alguém viver por tanto tempo!

Hideki:
— Mentiroso!
— Não é não, o Rei Deus Solar existe sim!
— Ele é o herói da nossa Ilha e mora no castelo sim, fala para ele

mamãe!

Shin:
— Aquilo nem é um castelo de verdade, não passa de uma montanha velha, suja e cheio de ruínas!

Sayuri:
— Há é, é???
— Então toma!

(E então Sayuri joga a sua espada de madeira e ela voa para o fundo do quarto até a última cama, onde está o seu irmão mais velho Shin, acertando-o em cheio, o ferindo.)

Shin:
— Aiiiii! minha cabeçaaaaaaaaaa!

Sayuri:
— Isso é pra você aprender, a nunca mais falar mal do nosso héroi!

Hideki:
— Boa pontaria irmãozinho!

(Os dois batem as mãos comemorando o poderoso ataque.)

Bella:
— Não briguem crianças!
— Sayuri!
— Não pode jogar a espada na cabeça do seu irmão!

Sayuri:
— Mas mamãe, ele que começou!

Shin:
— HERÓIS NÃO EXISTEM!
— SEUS PESTINHAS!

Hideki:
— Aé é???

— Agora é a minha vez de jogar a minha espada!

(O Hideki se prepara para também jogar a sua espada, mas para imediatamente ao olhar para o rosto de raiva e ódio do seu irmão Shin.)

Hideki:
— Mamãe...
— Por que ele virou uma pimenta magaleta?

Clara:
— É pimenta-malagueta Hideki.

Shin:
— IDIOTAS!
— SE EU PODESSE FAZER UM DESEJO PARA AQUELAS ESTRELAS CADENTES...
— EU DESEJARIA QUE VOCÊS...
— NUNCA TIVESSEM NASCIDO!

(Todos olham para o jovem Shin enfurecido, soltando fogo pelas ventas, rangendo os dentes de ódio e rosnando como uma pantera negra feroz. E então Hideki aponta a sua espada novamente.)

Bella:
— Para Hideki!

— E acalme-se filho.
— Eles estavam apenas brincando.

Shin:
— BRINCANDO???
— BRINCANDO???
— VOCÊ SEMPRE DEFENDE ESSES PESTINHAS!!!

— EU ESPERO QUE ELES, MORRAM!

(O Shin deita rapidamente enfurecido e se cobre com o seu cobertor de lã, feito com pele de carneiro e começa a chorar de raiva.)

Sayuri:
— Você viram???
— Nasceu um calombo na cabeça dele!
— Bem feito, Rum!

Clara:
— Aquilo se chama galo irmãozinho!

Hideki:
— Eu acho que é uma galinha!

(Todos dão risadas.)

Bella:
— Parem crianças!
— Agora!

— Coitadinho!
— Vou ir pegar gelo, algumas ervas medicinais e panos pra fazer um curativo no Shin.
— E vocês, não mecham mais com ele!

— Não durma querido.
— Eu ja volto!

(A Bella desce as escada e vai para a cozinha, enquanto os dois pequenos voltam a batalhar um contra o outro com as suas espadas de madeira mais uma vez, enquanto a Clara continua na janela, olhando para o velho castelo no topo da montanha.)

(Alguns minutos depois...)

Bella:
— Pronto!
— Já já você estará melhor...
— Sayuri amanhã você vai está de castigo!

Sayuri:

— Ah mamãe...
— Mas foi culpa dele...

Bella:
— Sem mais!

— Eu já falei com vocês que eu não quero vocês brigando!
— Peçam desculpas para ele, agora!

— Uma familia unida...
— Permane...

Sayuri e Hideki:
— Permanece unida.

(Os dois resmungam o ditado familiar entediados.)

Bella:
— Isso mesmo!
— Agora as desculpas!

Sayuri e Hideki:
— Nos perdoe irmão.
— Sentimos muito.

(O Shin com o seu corativo na cabeça deita novamente sem respondê-los e ignorando as suas desculpas.)

Sayuri:
— Você quer levar outra espadada é???

Hideki:
— Dessa vez sou eu que vou dar!!!

Bella:
— Sayuri, Hideki chega!
— Agora...
— É hora de dormir...
— Amanhã os dois estaram de castigo!
— Já para cama!

(A Bella caminha até a janela para fechá-la, enquanto a pequena Clara que sonhava acordada, enquanto os seus irmãos brigavam, desperta e lhe faz um marcante pedido no qual será lembrado por toda uma eternidade.)

Clara:
— Mamãe?
— Deixa a janela aberta, por favor?
— Eu quero dormir olhando a luz das estrelas.

(A Bella para e olha para ela com um último olhar e sorrir graciosamente, desmostrando o seu afeto e o seu amor, pela a sua querida filha.)

Bella:
— Tudo bem querida.
— Deixo sim.

(Ela beija e cobre todos os seus filhos novamente, fechando os mosquiteiros e assoprando a pequena vela que ilumina todo quarto.)

Bella:
— Beijos.
— Boa noite.
— Amo todos vocês.

Clara sussurra:
— Mamãe, eu pedi para a última estrela cadente abraçar o Rei Deus Solar por mim, para agradecer por ele ter salvado toda a nossa ilha, já que eu não posso vê...
— (zzzzzzz)

Bella:
— (Riso)
— Ela caiu no sono já sonhando...

Naomi:

— (zzzzz)

Sayuri:
— (zzzzz)

Clara:
— (zzzzzz)

Hideki:
— (zzzzz)

Shin:
— (zzzzzz)

(A Bella olha para os seus queridos filhos e os seus olhos brilham de felicidade e amor.)

Bella:
— Boa noite meus amores...
— Durmam com Deus e sonhe com os anjos ou melhor...
— Com as Estrelas.

(A Bella sai do quarto fechando a porta, nessa noite estrelada e de lua cheia. Ela desce para o andar de baixo onde fica o seu quarto, deita na cama e pensa. Refletindo sobre tudo o que aconteceu e tudo o que se passou.)

Pensamento Da Bella:
"— Meus filhos..."
"— Meus lindos filhos dessa geração..."

"— Se vocês soubessem..."
"— Que nem todas as histórias são lendas e mitos.."
"— Vocês iriam adorar..."
"— Pois..."
"— Algumas histórias..."
"— Realmente são verdadeiras..."

"— O Shin, por mais que ele não acredite nisso tudo, ele é o que mais vai se surpreender, quando ele descobrir a verdadeira

realidade..."
"— Sinto até um pouco de medo, sobre isso..."

(A Bella respira fundo.)

Pensamento Da Bella:
"— Mas..."
"— É inevitável!"

"— Parando agora para refletir..."

"— Uma coisa que até eu gostaria de saber é..."
"— Quem é "O Grande Sábio" que treinou o Rei Solar quando ele era mais novo???"
"— Será que..."
"— Um dia iremos descobrir???"

(E então todos adormecem, sonhando em um dia conseguir conhecer o "Rei Deus, Solar." e também "O Grande Sábio" mas, em algumas horas depois, durante essa longa noite de lua cheia, tudo isso irá mudar, pois algo sombriu está prestes a acontecer. Um Raio De Luz estelar, surge entrando sorrateiramente pela a janela, durante a escuridão noturna. O seu brilho é azul intenso, o seu gêmido é como um sussurro tenebroso, aos ouvidos de quem o escuta e os seus passos são silênciosos, assim como a luz quando clareia a escuridão.)

(Raio De Luz.)

Pensamento Da Princesa Alnitak:
"— AQUELA MALDITA!"
"— ELA TINHA QUE ESTRAGAR TUDO!"
"— ELA ROUBOU O MEU LUGAR!"

(Lágrimas caem pingando no chão.)

Pensamento Da Princesa Alnitak:
"— MALDITA!"
"— EU PODIA TER ACABADO COM ELA!"

"— SE NÃO FOSSEM OS MEU PAIS..."
"— EU JÁ TERIA FEITO ISSO A MUITO TEMPO!"

(A Princesa Alnitak caminha lentamente pelo o quarto das crianças, até a cama das pequenas meninas com o seu coração partido, queimando e ardendo em raiva, ódio e inveja. Com as suas delicadas mãos, ela acaricia o pescoço da pequena Naomi juntamente com o pescoço da pequena Clara, que na mesma hora abre os olhos assustada, sem entender ou conseguir ver o que está acontecendo.)

Pensamento Da Princesa Alnitak:
"— AQUELA ESTÚPIDA INSOLENTE!"
"— ELA ME PAGARÁ CARO!"
"— EU NÃO VOU DEIXAR ISSO BARATO!"

(A Princesa Alnitak descarregando todo o seu ódio acumulado, começa a apertar os pescoços das pequenas garotas usando a sua força Estelar, enquanto elas se debatem sobre a cama, surgindo imediatamente um cheiro forte e horrendo de carne queimada, que invade imediatamente todo o quarto. A força Estelar dela é tão poderosa, que faz com que as traqueias das duas meninas inocentes, sejam brutalmente partidas ao meio e suas cabeças arrancadas dos seus corpos sem dó e sem piedade. Todo o líquido dos seus pequenos corpos juntamente com o seu sangue, evaporaram como a água em uma fogueira ardente, as suas peles se tornaram ressecadas e escuras como o carvão e isso tudo feito em questão de segundos, pelas as mãos delicadas de uma bela Princesa.)

Pensamento Da Princesa Alnitak:
"— POR QUE ELE ESCOLHEU ELA E NÃO EU???"

"— ESSE REINO ERA PARA TER SIDO MEU!"
"— A COROA REAL, ERA PARA TER SIDO MINHA!"
"— NÃO DAQUELA INÚTIL, FRACA E ESTÚPIDA!"

(Após partir o pescoço das duas meninas inocentes até a morte, ela caminha até a cama do pequeno Sayuri e do pequeno Hideki, enquanto eles permanecem dormindo em seus sonos profundos, sem ao menos sonhar ou imaginar a tragédia que estar prestes a acontecer. O caminhar dela permanece silêncioso e os únicos sons capazes de serem escutados, são os sons dos seus gemidos aterrorizantes e o som do seu partido, coração.)

Pensamento Da Princesa Alnitak:
"— EU SOU MUITO MAIS PODEROSA DO QUE ELA!"
"— E TAMBÉM SOU MUITO MAIS INFLUENTE EM TODAS AS CONSTELAÇÕES!"
"— E MESMO ASSIM ELE A ESCOLHEU!"
"— SEM AO MENOS CONSIDERAR AS MINHAS PROPOSTAS!"
"— MALDITO!"

(A Princesa começa a acaricia o pescoço dos dois garotos inocentes e começa a apertá-los violentamente. No momento em que ela faz isso o pequeno Hideki acorda assustado, ele ainda segura a sua pequena espada de madeira, pois dormia com ela abraçada sobre o seu corpo, na esperança de um dia, ser um futuro guerreiro. Ao ver o que está acontecendo, mesmo também sendo estrangulado brutalmente, ele olha para o seu pequeno irmão na cama ao lado, que se debate contra o colchão. E em uma atitude deseperadora e corajosa, ele tenta soltá-lo, segurando fortemente a sua espada pelo o cabo e tentando esticá-la ao máximo, tudo para tentar acerta a mão da Princesa e assim ajudar o seu irmão mais novo a se libertar da tenebrosa assassina noturna. Mas infelizmente. Todo o seu esforço é, em vão. E o cheiro de carne queimada novamente invade todo o quarto, saindo para fora pela janela e adentrando os outros comôdos de baixo da pequena casa.)

Hideki:
— Sa - yu - ri...

(Som da espada caindo no chão junto com as lágrimas da

tenebrosa e assustadora Princesa.)

Pensamento Da Princesa Alnitak:
"— MAS, EU TENHO UM PLANO!"

"— EU A CONVENCI DE BUSCAR AS COISAS DELA EM ÓRION, SÓ DEPOIS QUE A COMEMORAÇÃO DA CERIMÔNIA DE CASAMENTO ACABASSE..."
"— E COMO ELA É UMA BURRA, TOLA E ESTÚPIDA..."
"— ASSIM ELA FARA!"

"— ENTÃO, FINALMENTE EU FICAREI A SÓS COM O REI E CORTAREI A SUA MARCA ESTELAR!"
"— DEPOIS DISSO EU MATAREI TAMBÉM, TODOS ESSES PLANETAS ERRANTES ESTÚPIDOS E TODOS OS SEUS PATÉTICOS DESCENDENTES!"

"— ASSIM EU VOU ACABAR COM TODOS ELES, UM DE CADA VEZ!"
"— E ME DELICIAREI COM O SANGUE DAS SUAS MORTES!"

"— EU ME TORNAREI A ÚNICA RAINHA DESSA MALDITA ILHA, QUE SE TORNARÁ UMA NOVA CONSTELAÇÃO!"

"— A MINHA NOVA CONSTELAÇÃO!"

"— DESSA VEZ..."
"— EU PROMETO QUE EU NÃO VOU FALHAR..."
"— MEU PAI!"

(A Bella ao ouvir a espada de madeira caindo no chão acorda assustada e ao sentir o forte cheiro de queimado em seu quarto, se desespera e sobe correndo para o quarto de cima onde dormem os seus filhos. Cada degrau que ela sobe parece ter um kilometro de distância, cada segundo parece ser uma eternidade e cada passo parece ser uma crucificação de corpo e alma, tudo isso dentro da sua própria mente atormentada. Isso lhe causa uma grande aflição e tortura momêntanea, pois a casa que era pequena e aconchegante, parece se tornar um castelo gigante e assombroso, devido ao desespero e preocupação de uma jovem e indefesa mãe, preocupada com o bem estar dos seus filhos. Ela entra desesperadamente no quarto deles empurrando a porta com toda a sua força, sem ao menos virar a maçaneta. Ao chegar lá, ela presencia o último suspiro do seu pobre e inocente filho Sayuri, que a olha pela a última vez, enquanto é estrangulado cruelmente até a morte pela a Princesa Alnitak, até ter o seu pescoço brutamente partido ao meio por aquelas belas e delicadas mãos. E o cheiro horrendo de carne queimada se intensifica dentro do quarto. O coração da Bella dispara, quase saindo pela a boca. A sua alma gela mais frio do que o zero absoluto. E os seus olhos se enchem de água, com mais lágrimas do que os mais profundos oceanos. E o seu grito de desespero, é ouvido por toda a Ilha.)

Bella:
— NÃOOOOOOOOOOOOOOOOOOOOOO!

(A Bella grita mas permanece imóvel, paralisada e sem saber o que fazer. O seu instinto materno quer agir, mas o medo toma conta do seu corpo e do seu coração. E os seus lábios tremem ao sussurrar com temor.)

Bella:
— O que foi que você fez com os meus...
— Filhos?

(A Princesa ao ouvi-la gritar, após os meninos darem os seus últimos suspiros e queimarem até o seu sangue evaporar, tendo os seus pescoços dislacerados, pega o cobertor felpudo deles e limpa as suas delicadas mãos, que estão sujas de carne humana queimada, até dentre as suas grandes e delicadas unhas. E então ela se vira lentamente e olha para a Bella nos olhos e uma voz doce e angelical, surge de suas cordas vocais, enquanto ela caminha em direção a ela. Sem se intimidar com a presença ou com o profundo desespero da jovem mãe.)

Princesa Alnitak:

— Bella...
— Bella...
— Bella...
— Quanto tempo!

— Me perdoe aparecer assim...
— Sem avisar...

(A Princesa Alnitak Sorrir sarcasticamente e sadicamente para a Bella, enquanto caminha com o seu longo vestido arrastando pelo chão do quarto. Ele foi feito com uma fina seda na cor azul bebê, mostrando assim a sua nudez e combinando-o com o tom azul dos seus olhos, juntamente com os seus longos cabelos brancos azulados.)

Bella:
— ASSASSINA!
— VOCÊ MATOU ELES!

(A Bella chora em desesero.)

Princesa Alnitak:
— Não leve para o lado pessoal...
— Eu não tinha nada contra eles...
— Eu só estou muito triste...
— E só precisava...
— Desabafar com, alguém!

Bella:
— O QUE?
— DESABAFAR???

— ELES ERAM APENAS CRIANÇAS!
— E VOCÊ OS MATOU BRUTALMENTE!
— POR QUE VOCÊ FEZ ISSO???
— VOCÊ ENLOUQUECEU???

Princesa Alnitak:
— Não se preocupe Bella, eles não sentiram muita...

— Dor.

(A Princesa sorrir sadicamente novamente.)

Bella:
— O que?
— Muita, dor???

(Os lábios da Bella tremem, ao imaginar a grande dor que os seus filhos sentiram antes de morrer.)

Princesa Alnitak:
— Exatamente...

— Antes dos seus pescoços se partirem...
— Uma grande descarga elétrica mais poderosa do que um raio, tendo mais de um bilhão de volts, passaram pelos os seus pequenos e adoraveis corpos...

— Isso causou em todos eles quase que imediatamente, uma parada cardiaca, paralisando todos os seus nervos e músculos, fraturando assim todos os seus ossos!
— A minha poderosa onda de choque rompeo os tímpanos deles explodindo-os e fez com que todos os seus orgãos deles falhacem imediatamente, secando-os e os encolhendo, fazendo com que todo o líquido do seus corpos evaporassem como água inclusive o seu...
— Sangue!

(Ela continua caminhando e se aproximando da Bella.)

Princesa Alnitak:
— Sente o cheiro de queimado?
— Então...
— São as queimaduras de terceiro grau!

— Ai como eu amo esse cheiro delicioso!
— Me lembra o cheiro de...
— Churrasco de porco feito a lenha!

(A Princesa lambe os lábios.)

Princesa Alnitak:
— Como eu disse para você...
— O sofrimento deles foi intenso e doloroso mas, durou pouco!
— Então, eles não sentiram muita...
— Dor!

Bella:
— MALDITA!
— EU VOU TE MAT...

(Raio De Luz.)

(A Princesa Alnitak aparece na frente da Bella em um piscar de olhos e a levanta do chão pelo o pescoço.)

Princesa Alnitak:
— SUA INSOLENTE!
— VOCÊ ME CHAMOU DE QUE???

Bella:
— Maldi...

(A Bella susurra sendo enforcada e levantada do chão sem se quer conseguir falar.)

Princesa Alnitak:
— PENSANDO BEM...
— EU PODERIA TE MATAR TAMBÉM...
— AQUI E AGORA!
— SÓ PELO O FATO DE VOCÊ SER UMA PLANETA ERRANTE!

(Os olhos da Princesa em fúria começam a emitir um alto brilho na cor azul florescente em tom de ameaça e ela começa a aperta o pescoço da Bella cada vez mais forte.)

Princesa Alnitak:
— Mas...

— Acho que vou ter que me contentar somente com os seus descendentes mesmo!
— Sorte a sua!

(A Princesa solta a Bella que cai no chão ofegante e tossindo, com as mãos sobre o seu pescoço, sentindo uma grande dor devido ao breve enforcamento.)

Princesa Alnitak:
— Nesse momento...
— Ainda não posso criar muito alarde na Ilha...
— Se não vou acabar chamando a atenção do seu maldito Rei na cerimônia!
— Mas breve chegará o momento!

(A Bella chora indignada e desesperada, enquanto a Princesa Alnitak caminha sensualmente pelo o quarto em direção a janela por onde entrou.)

Bella:
— ASSASSSINA!
— POR QUE???

— POR QUE VOCÊ FEZ ISSO COM ELES???
— COMO VOCÊ TEVE CORAGEM???

— VOCÊ ENLOUQUECEU???
— NÓS NUNCA TE FIZEMOS NADA!
— ELES ERAM APENAS CRIANÇAS!
— CRIANÇAS INOCENTES!

(Os olhos da Princesa Alnitak voltam a brilhar e ela aperta o seu punho direito com muita força e ele brilha intensamente, iluminando todo o quarto com uma luz azul.)

Princesa Alnitak:
— INSOLENTE!
— VOCÊ PERDEU O RESPEITO???
— É ASSIM QUE VOCÊ FALA COM A SUA MAJESTADE???

Bella:
— VOCÊ NÃO É...
— A MINHA MAJESTADE!
— VOCÊ É UMA ASSASSINA DE CRIANÇAS!

(A Bella levanta do chão e corre para cima da Princesa Alnitak para atacá-la desesperadamente, mas a Princesa apenas abre a mão direita em direção a ela. No mesmo momento, ela para de correr pois uma força gravitacional repulsiva completamente invisível, atinge o corpo da jovem mãe na velocidade do som, gerando uma onda de impacto e a lançando-a violentamente contra a parede do pequeno quarto.)

Princesa Alnitak:
— (Repulsão Gravitacional.)

 (A Bella ao atingir a parede se fere gravemente, quebrando uma de suas pernas, junto com algumas costelas e tudo dentro do quarto é destruido.)

Princesa Alnitak:
— PLANETAS ERRANTES ESTÚPIDOS!
— VOCÊS NÃO APRENDEM NUNCA?!

(A Bella sussurra caída no chão, ferida e com muito sangue escorrendo de sua cabeça.)

Bella:
— Meus...
— Filhos...
— Assassina!
— Eu...
— Vou falar o que você fez para o Rei e para a Rainha Betegeuse!

(A Princesa começa a gargalhar enquanto o brilho do seu punho se desvanece, até que só é possivel ver o brilho azul dos seus olhos, que brilham na escuridão tenebrosa do quarto que se tornou sombriu.)

Princesa Alnitak:
— Hahaha!
— Revele para eles...
— Que eu conto para o Rei da sua Ilha, que todas essas suas crianças malditas...
— Não são filhos do Capitão Macabro!
— São filhos daquele maldito Planeta invasor!

— E você pode ter certeza que a sua pena de morte por traição, será decretada!
— Afinal, você sabe muito bem que traição, em nenhum reino galáctico tem perdão!

— E caso ele não o faça...
— Eu mesmo farei e te matarei com as minhas própias mãos!
— E eu vou garantir que você sofra, mas do que os seus filhos sofreram!

(A Bella tentando se levantar, olha assustada para a Princesa Alnitak, tremendo de medo e sentindo um calafrio no fundo da sua alma.)

Pensamento Da Bella:
"— NÃO PODE SER..."
"— ELA..."
"— DESCOBRIU???"

Princesa Alnitak:
— Você achou que viveria livre de mim sua tola inútil?
— Hahaha...
— Achou errado!

— Eu sei onde está cada Planeta Errante e seus descendentes, nascido do País Da Constelação De Órion!
— E a Lei Ant-Matéria tem que ser cumprida por bem...
— Ou por mal!!!

— Nós não iremos permitir, que o fim do universo Galáctico, do mundo, e da vida...

— Aconteça por culpa da nossa linhagem ou por culpa da nossa constelação!

(A Bella ainda com o seu coração acelerado, permanece olhando assustada para a Princesa ao ouvir as sua palavras de ameaça.)

Princesa Alnitak:
— Como eu havia te prometido...
— Eu vigio cada passo seu!
— E de todos eles!

— Desde do dia em que vocês sairam do País Da Constelação De Órion!
— E eu espero ansiosamente a hora perfeita para matar...
— Cada um...
— Um de cada vez!
— E me saborear com os seus, sangues!

(Ela lambe os lábios imaginando sangue.)

Princesa Alnitak:
— E você...
— É a que eu mais desejo matar!
— Breve a sua hora irá chegar!
— Planeta Errante estúpida e insolente!

— Por enquanto eu me contentarei com a morte dos seus filhos...
— Mas prometo que mais cedo ou mais tarde...
— Eu virei pessoalmete te buscar!

(A Bella olha nos olhos brilhantes da Princesa Alnitak tremendo de medo, sentindo todo o seu ódio e raiva acumulado, vindo do mais profundo da sua alma.)

Princesa Alnitak:
— Ah!

— E caso isso não seja o suficiente para calar a sua boca sobre essa noite maravilhosa...
— Se for nescessario, eu entregarei a localização da Ilha Do Sol para "As Dez Grandes Constelações!"
— E nós mataremos, todos vocês...
— Juntos!

(O brilho azul dos olhos dela se intensificam se tornando horripilantes.)

Princesa Alnitak:
— Inclusive o seu...
— Maldito Rei Deus!

— Afinal...
— Não tenho nada mais a perder mesmo!
— Será um grande alivio ter todos esses Planetas Errantes malditos, mortos por minhas própias mãos!

Bella:
— Você não seria capaz disso!

Princesa Alnitak:
— HAHAHA!
— Você ainda dúvida do que eu sou capaz???

(A Princesa Alnitak sorrir sarcasticamente para a Bella e em seguida olha para os restos mortais dos corpos das crianças jogados e espalhados pelo o chão do quarto.)

Aldeão:
— Senhorita Bella?
— Está tudo bem ai?
— Estavamos durmindo e ouvimos um grito e alguns barulhos estranhos!
— Fora esse cheiro de queimado que parece vir dai...
— Vocês estão bem???

(Alguns aldeões preocupados gritam a bela do lado de fora da pequena casa.)

Princesa Alnitak:
— Rum!
— Ilha estúpida!

— Boa noite...
— Bella!
— Tenha...
— Bons sonhos!

— Ou melhor...

(A Princesa Alnitak Sorrir sadicamente.)

Princesa Alnitak:
— Bons pesadelos!

(Raio De Luz.)

(A Princesa Alnitak desaparece sobre a escuridão da noite em um Raio De Luz azul que sai pela a janela.)

Pensamento Da Bella:
"— E agora???"
"— O que eu falarei para o Rei???"
"— Como eu vou explicar o que houve aqui???"

"— Ela não está brincando!"
"— Na verdade ela nunca brincou!"

"— Meu filhos..."
"— Meus pobres filhos..."
"— Todos eles se foram!"
"— E eu não pude fazer nada!"

(A Bella volta a chorar desesperada por suas perdas e tossindo muito sangue.)

Shin:

— Mãe?

(Uma voz assustada é ouvida, vinda do fundo do quarto escuro surpreendendo imediatamente a Bella que se assusta e o seu coração dispara.)

Shin:
— Mãe???

Bella:
— O QUE?
— SHIN???
— É VOCÊ???

— VOCÊ ESTÁ...
— VIVO???

(O Shin caminhando lentamente da escuridão, olha com os olhos arregalados para a Bella, que está sobre a luz do luar vindo da janela. O jovem garoto está completamente traumatizado com as cenas assustadoras que acabou de presenciar. Ele a todo momento ficou em total silêncio sobre a sua quente e aconchegante cama, em baixo do seu cobertor de lã de carneiro, enquanto via todos os seus irmãos sendo brutalmente assassinados a sangue frio e a sua mãe ser cruelmente atacada, por um ser de luz, que é algo que ele jamais havia visto, em toda a sua vida.)

Aldeão:
— Senhorita Bella???
— Você precisa de ajuda???
— Ou quer que chame-mos a guarda Real ou o Rei???
— Senhorita Bella???

(A Bella permanece chorando em silêncio e começa a se arrastar sangrando com a sua perna e costelas quebradas em direção ao Shin, que está tremendo de medo e chorando em silêncio paralisado. Enquanto diversos aldeões se acumulam em frente a sua casa preocupados com os barulhos ouvidos e com o mal cheiro que circula pelo ar, rodeando a pequena casa, mal sabem eles que esse terrivel cheiro, são de cadáveres de crianças estranguladas, eletrecutadas e queimadas vivas, até a morte.)

Shim:
— Mãe...
— O que era...
— Aquilo???

(A jovem Bella chega perto do Shin e o abraça forte chorando e agradecendo aos deuses por ele ainda estar vivo. Após alguns segundos o abrançando para tentar acalmá-lo, eles olham para cada corpo carbonizado espalhado pelo o quarto, completamente apavorados e tremendo de medo. E então ela responde com a sua voz falha e sussurrada com um tom de medo e terror.)

Bella:
— Aquilo Shin era...
— Uma...

— Uma...
— Estrela!

Shin:
— Uma...
— Estrela?

(94 Mil Anos-Luz Antes...)

———————————————————————

PARTE 2

Primeiro Dia De Treinamento: Solar.
Ano: 1.005.000 Anos-Luz.
Localização: Floresta da Ilha.
Período: Dia.
Clima: Ensolarado.

(O pequeno Solar, que corre apressado sobre os galhos das árvores, acaba de chegar em um imenso campo aberto circular, que é cercado por uma imensa e densa floresta. Nele o gramado verde que se estende pelo o chão de barro é pequeno, mas as árvores ao seu redor são gigantes, tornando o lugar calmo, deserto e silencioso. Esse lugar, será o lugar onde o pequeno Solar iniciará a sua grande jornada épica, como um novo guerreiro.)

O Grande Sábio:
— Bem vindo Solar!

(O Solar ao chegar nesse campo aberto, encontra com um velho Senhor, sentado de costas sobre uma pedra. Ele está meditando e respirando conforme as batidas do seu velho coração. As suas roupas são brancas mas encardidas, a sua pele é clara mas queimada do sol e em suas mãos ele segura um cajado de madeira da sua altura, feito aparentemente de um galho de árvore velho, queimado e escurecido pelo o fogo e pelo o tempo.)

Solar:
— Obrigado O Grande Sábio!
— Mas...como o Sr descobriu que eu cheguei?
— Sendo que o Sr estava de costas e eu não fiz nem um barulho?!

O Grande Sábio:
— Há muitas coisas que eu sei Solar!

— Há muitas coisas que eu sei...
— Começando por esse belo relógio dentro do seu bolso!
— Quem te deu ele Solar?

Solar:
— Uaaaaaaau...Impressionante!
— Mas...

(O Solar começa a gritar falando muito alto, assustado com as perguntas do Grande Sábio.)

Solar:
— COMO O SENHOR SABE DISSO?
— SENDO QUE EU ACABEI DE GANHAR?
— E ELE ESTÁ ESCONDIDO DENTRO DO MEU BOLÇO?

— ISSO ESTÁ COMEÇANDO A ME ASSUSTAR!
— O SENHOR É VIDENTE O GRANDE SÁBIO?
— OU O SENHOR TEM VISÃO DE RAIO X?

O Grande Sábio:
— Se acalme Solar, se acalme...
— Feche os seus olhos e abra os seus ouvidos!
— E deixe a natureza falar com você.

Solar:
— O que?
— A natureza?

O Grande Sábio:
— Sim meu aluno, a natureza!

(O Solar arregala os olhos e grita assustado.)

Sola:
— E A NATUREZA FALAAAAAAAAAAAAA?

(O Grande Sábio pega o seu velho cajado e bate várias vezes na cabeça do Solar, incontroladamente.)

O Grande Sábio:
— OS SEUS GRITOS ESTÃO ME DEIXANDO LOUCOOO!

— SE VOCÊ GRITAR MAIS UMA VEZ, EU PROMETO QUE EU VOU TE ESPAGUETIFICAR, ATÉ NÃO SOBRAR MAIS NEM UM ÁTOMO DENTRO DO SEU CORPO!

— AGORA SENTA AI E CALA ESSA MATRACAAAAAAAAAAAA!

(Solar então corre e senta de frente para o Grande Sábio e diz.)

Solar:
— SIM Ô GRANDE SÁBIO!
— ME PERDOE!

O Grande Sábio:
— PARE DE GRITAAAAAAAAAAAAAAAAAAAAAAR!

(Solar sussurra.)

Solar:
— Me desculpe Senhor!
— Eu acho que eu me empolguei um pouquinho.

(O Solar sorrir envergonhado abaixando a sua cabeça e O Grande Sábio respira fundo e se senta novamente sobre a pedra, juntando as suas pernas em posição de lótus ou seja pernas cruzadas, voltando assim a meditar e a falar de forma calma e serena.)

O Grande Sábio:
— Me desculpe também Solar, eu perdi o controle.

(O Solar coloca a mão sobre a testa saudando O Grande Sábio.)

Solar:
— Está desculpado Senhor!

O Grande Sábio:
— Ok então, tudo bem meu pequeno aluno.

— Vamos começar!

— Eu sei que tudo o que eu vou falar para você hoje será novidade e pode até parecer loucura...
— Mesmo você já tendo 5 mil Anos-Luz de idade, muitas coisas para você ainda, devem não ter explicações...
— E por isso, você ainda deve ter muitas dúvidas.

— Então Solar, apenas se concentre!
— Focando nas minhas palavras e ensinamentos!
— Que com o tempo...
— Você se tornará tão sábio quanto eu!
— Mas para isso...
— Você terá que ter calma, paciência e mansidão!

Solar:
— Sim Mestre!

O Grande Sábio:
— Mas antes...
— Voltando com a minha pergunta.
— Foi uma Estrela que deu esse belo relógio para você Solar?

Solar:
— Relógio???
— Que relógio Mestre???

(O Grande Sábio olha em direção ao bolso do Solar.)

Solar:
— Ah sim!
— Foi sim mestre, foi um grande amigo meu que acabou de me dar ele como medalha, por eu ter lhe ajudado por muito tempo.

(O Solar retira o relógio dourado de dentro do bolso e ele brilha refletindo o brilho do sol e os dois o olham admirados com a beleza, dessa bela relíquia do tempo.)

Solar:

— Ele me disse que esse é um relógio atômico...
— E que ele é o mais preciso e precioso...
— De todo o universo!

O Grande Sábio:
— Entendo!

Pensamento do Grande Sábio:
"— Ahhhh..."
"— Aquela Estrela!"
"— Ah se o Solar soubesse quem ele é e a magnitude do seu poder..."
"— E tudo, tudo o que ele já fez por ele..."
"— Ele ficaria com raiva inicialmente mas depois, ele seria eternamente grato, por todos os seus feitos!"

(O Grande Sábio então, bate o seu cajado contra uma pedra a partindo no meio, surpreendendo o Solar e chamando a sua atenção para si novamente.)

O Grande Sábio:
— Vamos dar início então, ao seu primeiro dia de treinamento Solar!

Solar:
— Sim Mestre!

(O Solar guarda o relógio rapidamente em seu bolso.)

O Grande Sábio:
— Então, vamos começar.

— Primeiro:
— Você sabe como e de onde veio a fonte do seu poder Solar?

Solar:
— Me falaram mestre, que o meu poder veio herdado da minha mãe!

O Grande Sábio:
— Isso mesmo!

— Mas você sabe o motivo Solar?

Solar:
— O motivo eu não sei Mestre...

O Grande Sábio:
— Então, preste muita atenção no que eu vou te falar, pois isso servirá de ensinamento e aprendizado para você e para muitas gerações!

Solar:
— Sim Senhor!

(O Grande Sábio segurando o seu cajado pelo o cabo, cria uma pequena névoa entre ele e o Solar, e então ela flutua a poucas distâncias acima de suas cabeças. E usando o barro seco e pedras ele inicia a sua bela explicação enquanto Solar observa tudo impressionado. Ele faz a nevoa surgir simbolizando o Big-Bang, ele usa o barro simbolizando a matéria interestelar e as pedras ele usa para simbolizar a magnífica terra e também um mega asteroide.)

O Grande Sábio:
— Há 14 Bilhões de anos atrás Solar, um imenso Asteroide que surgiu com a explosão do Big Bang, iniciou sua viagem pelo o Espaço infinito. Ele possuía na sua composição todos os gases, átomos e partículas que formaram o nosso Universo.

— A milhões de anos atrás esse Imenso Asteroide retornou e colidiu com a nossa terra, causando uma grande destruição em massa e matando 99% da civilização humana.

Solar:
— O que?
— Morreu tantas pessoas assim Mestre?

O Grande Sábio:
— Sim Solar, infelizmente morreu muitas pessoas!
— Mas...

— Se o Universo e a natureza quis assim, quem somos nós para contrariá-los?

(O Grande Sábio balança o seu cajado sobre a nevoa formando novas formas para facilitar assim a sua explicação.)

O Grande Sábio:
— Continuando...
— A partir daí, passamos a chamar essa Nova Era de "Renovação Universal!"
— Que modificou toda a vida cosmológica da vida na terra, trazendo assim uma Nova Era!

— Após a colisão desse mega Asteroide com a terra Solar...
— Todas as mulheres virgens sobreviventes dessa civilização sofrerão uma super mutação genética em seu DNA e junto com essa mutação...
— Elas adquiriram uma marca em sua mão direita.

— Essa marca simbolizava a nuvem de matéria interestelar já existente no Universo e que a chamamos de:
— "Nebulosa!"

— Essa marca deu para todas essas mulheres virgens sobrevivente da nossa civilização poderes astronômicos, incomparáveis e inimagináveis.

— E a partir daquele momento todas essas mulheres virgens que ganharam essa marca começaram a ser chamadas de "Nebulosas!".

Solar:
— Uauuuu Mestre!
— "Nebulosas"?

O Grande Sábio:
— Isso mesmo Solar!
— "Nebulosas!"

— Elas são os seres mais puros, genuínos, divinos e angelicais!
— Os seres mais perfeitos, magníficos e iluminados de todo o nosso universo Galáctico!

— São as mais poderosas divindades existentes aqui na terra e são consideradas...

— "As Mães Da Criação!"
— "As Rainhas Das Rainhas!"
— E "As Deusas Das Deusas!"

(Ao ouvir as belas palavras do O Grande Sábio, o pequeno Solar se sente contagiado por uma paz intensa e infinita, que aquece e incendeia o seu pequeno coração, na qual parece fazer o tempo e tudo ao seu redor, parar.)

O Grande Sábio:
— Ao passar dos anos Solar, as "Nebulosas" tiveram filhos.
— E esses filhos também nasceram com uma marca em suas mãos direitas mas, a marca deles era diferente da marca das suas mães.

— E essa marca na qual os filhos das "Nebulosas" possuíam quando nasceram, representava uma "Estrela", já existente no Universo.
— Dando a eles também, aos filhos das "Nebulosas"
— Poderes incomparáveis e inimagináveis!

— Cada um de acordo com a sua própria marca!
— Cada um de acordo com a sua própria Estrela!

— Se tornando assim, os descendentes mais poderosos das divinas e majestosas mães do universo, esses são os chamados filhos das "Nebulosas."

— Portanto, a partir daquele momento Solar...
— Todos os que nasceram possuindo a marca de uma Estrela em sua mão direita, começaram a ser chamados de???

Solar:

— "Estrelas!"

— Então, eu sou o filho de uma "Nebulosa" Mestre???

O Grande Sábio:

— Sim Solar, você é filho e descendente de uma...

— "Nebulosa!"

(Os olhos do pequeno Solar brilham ao ouvir pela a primeira vez essa grande revelação de que sua mãe na verdade é uma deusa "Nebulosa." O ser mais puro, genuíno, divino e angelical, existente da terra e também, de todo os confins do universo e do cosmos.)

Solar:

— Uauuuuuuuuuuuuuuu...

— A minha mãe...

— É uma...

— "Nebulosa!"

O Grande Sábio:

— É por esse motivo Solar, por você ser filho de uma "Nebulosa!"

— Que você nasceu com essa marca na sua mão direita...

— Representando a Estrela que chamamos de Sol!

(Solar abre a mão direita e olha para a sua marca admirado com um brilho nos olhos.)

O Grande Sábio:

— E então foi assim, que se iniciou a Nova Era Universal e Cosmológica da vida na terra...

— Entre os humanos comuns...

— E todos os seres que possuem a marca em suas mãos direitas descendentes das "Nebulosas", que agora são chamados de "Os Galácticos."

Solar:

— Uauuu...
— Então, eu sou um Galáctico também Mestre?

O Grande Sábio:
— Sim Solar...
— Por você ser uma Estrela...
— Você faz parte dessa nova linhagem sanguínea, sendo um dos descendente das "Nebulosas."
— Portanto...
— Você é sim, um Galáctico!

Solar:
— Incrível Mestre!
— Eu sou...
— Um Galáctico!

(O Solar fecha o punho direito com muita força, orgulhoso das sábias palavras de ensinamento e feliz pelas as afirmações do seu velho Mestre.)

Solar:
— E o Senhor também é um Galáctico Mestre?
— O Senhor também é filho de uma "Nebulosa"?

O Grande Sábio:
— Não se distraia meu aluno!
— O foco aqui é você!
— Somente, você!

— Agora vamos iniciar a primeira parte do seu treinamento!

Solar:
— Sim Mestre!
— Eu estou pronto!

(Solar então como de custume, coloca a mão na testa saudando O Grande Sábio com respeito e admiração.)

O Grande Sábio:

— Então, vamos lá!

(O Grande Sábio finca rapidamente o seu cajado no chão, o deixando-o em pé e fica em silêncio absoluto. Ele fecha os olhos e junta as duas mãos, como se fosse iniciar uma breve oração, enquanto o Solar o observa atentamente curioso, até que algo o surpreende.)

Solar:
— Uuuuaaaauu!
— O Grande Sábio!
— O Senhor está levitando!
— Isso é incrível!

(O Grande Sábio começa a levitar lentamente, com as pernas em posição de lótus, como se uma força invisível tomasse conta de todo o seu corpo, o deixando mais leve do que uma pluma da pena de um beija-flor-abelha, que é o menor pássaro existente na terra.)

O Grande Sábio:
— Você sabe como eu fiz isso Solar?
— Você sabe como eu fiz para poder levitar?

(Solar o olha desacreditando do que está vendo, ansioso para aprender a fazer igual.)

Solar:
— Não tenho a mínima ideia Mestre!
— Mas eu quero aprender!

— Se eu conseguir levitar assim é bom que eu vou poder entrar dentro de casa quando a minha avó estiver limpando!
— Só assim eu vou correr menos risco de morte prematura!

(O Grande Sábio Sorrir.)

O Grande Sábio:
— Eu apenas alterei a gravidade do meu corpo Solar.

— Você sabe o que é gravidade?

Solar:
— Sei, é uma força invisível que nós puxa para o centro da terra?

O Grande Sábio:
— Exatamente Solar, mas...
— Para ser mais específico.

— A gravidade, é a força que atrai dois corpos um para o outro.
— Por causa dela, as maçãs caem em direção ao solo e por causa dela, os planetas do nosso sistema orbitam continuamente o nosso magnífico sol.

— Fora que também, quanto maior a massa de um objeto, mais forte é a sua atração gravitacional.
— Sendo assim, a gravidade então possui uma, aceleração!

Solar:
— Então, é a gravidade que nos puxa para baixo Mestre?

O Grande Sábio:
— Quase isso Solar...
— Na verdade ela nos acelera para baixo e isso é causado pela curvatura do espaço-tempo e por isso, temos a sensação de sermos puxados para baixo!

— A aceleração da gravidade é a intensidade do campo gravitacional em um determinado ponto. Geralmente, o ponto é perto da superfície de um corpo massivo ou seja um corpo que possui muita massa.

— Um exemplo dessa aceleração, é justamente o que você pergunto, a sensação que você sente de ser puxado para baixo, vem da aceleração da gravidade, que aqui na Terra possui o valor aproximado de 9,8 m/s². (Metros por segundo ao quadrado)

— Resumindo, a gravidade é o que nos faz ter peso Solar, pois ela nos acelera contra o chão, que é o próprio corpo massivo que chamamos de planeta terra.

— E porque a terra, possui muito mais massa do que nós, somos atraídos continuamente por ela, sendo acelerados para baixo, como se estivéssemos caindo em uma queda livre e continua...

— Mas, parando imediatamente ao tocar o seu solo, que está acima do seu centro gravitacional geométrico.

Solar:
— Incrível Mestre!
— Um pouco difícil de entender, mas mesmo assim isso é, incrível!
— O que o Senhor tem de velho o Senhor tem de Sábio!

(O Grande Sábio sorrir, ainda sobre o ar levitando sob a gravidade, a poucos metros do chão.)

O Grande Sábio:
— Então Solar, juntando o que sabemos sobre a gravidade com os nossos poderes...
— Possuímos então uma forma de manipulá-la.

Solar:
— E como o Senhor fez para conseguir flutuar dessa forma Mestre?
— Isso parece ser muito difícil!

O Grande Sábio:
— Difícil, mas não impossível Solar!

— Eu apenas modifiquei a ação da gravidade sobre o meu corpo, diminuindo ao extremo o meu peso, e ao modificar o meu peso, eu modifiquei a minha densidade corporal, tornando-a mais leve do que o ar.

— E assim então, eu flutuo!

— E flutuando eu consigo?

Solar:
— VOAAAAAAAAAAAAAAAAAAAAAR...
— O GRANDE SÁBIO O SENHOR ESTÁ VOANDO!

O Grande Sábio:
— Vou até a estratosfera e já volto Solar!

Solar:
— Uauuuu...
— E o Senhor consegue ir tão alto assim???

O Grande Sábio:
— Me observe Solar!
— Me observe...

(O Grande Sábio começa a voar em direção a estratosfera subindo tão alto, que fica impossível de um ser humano comum o enxergar ou vê-lo a essa extrema altitude e de lá ele acena para o Solar, que acena para ele de volta. Em seguida O Grande Sábio retorna descendo em alta velocidade e parando rapidamente, antes mesmo que pudesse tocar o chão. A precisão do seu controle gravitacional é tão grande, que ele não move se quer um grão de areia sobre a terra e nem um grão de poeira sobre o ar. Mostrando assim para o seu pequeno aluno, a grande capacidade das suas poderosas habilidades galácticas.)

Solar:
— Uaauuu...
— Que magnífico Mestre!
— Mas agora, como eu faço para alterar a minha gravidade como o Senhor fez?

O Grande Sábio:
— Lembra do que eu te disse no começo Solar?

— Feche os seus olhos e abra os seus ouvidos!
— E deixe a natureza falar com você!

— Você faz parte da natureza!
— E a natureza faz parte do Universo!

— Então, se conecte com o universo!
— Que a natureza vai se conectar com você!

Solar:
— Sim Mestre!

(Solar corre apressadamente e senta-se sobre uma pedra, imitando precisamente todas as ações e movimentos anteriores d'O Grande Sábio, ansiosamente. E com isso e a sua grande inteligência Estelar, que facilitará o seu grande desenvolvimento, ele então inicia a sua grande e árdua jornada de aprendizado e treinamento.)

O Grande Sábio:
— Ah!
— E lembre-se Solar:
"— A Vida é uma jornada e não uma corrida!"
— Então, leve o tempo que precisar e o tempo que for necessário para alcançar as suas metas e os seus objetivos!

Solar:
— Sim!
— Pode deixar comigo Mestre!

(O Solar aperta o punho direito com força e fecha os olhos quase que imediatamente, se concentrando e focando totalmente em seu treinamento. E então, O Grande Sábio com o seu cajado de madeira, o acerta fortemente na cabeça em alta velocidade, o ferindo na testa profundamente, fazendo com que o sangue do pequeno garoto escorra, respingando pelo chão e abaixando imediatamente a sua cabeça devido o forte golpe vindo de cima para baixo, o inclinado para frente e chamando novamente a atenção dele para si.)

Solar:
— O Grande Sábio???
— Por quê o Senhor???

(Solar olha para O Grande Sábio com os olhos cheios de lágrimas e sentindo muita dor, com a mão direita sobre o profundo corte em sua testa, que sangra como uma cachoeira, escorrendo pelo o seu rosto e caindo sobre o chão.)

O Grande Sábio:
— Como eu disse Solar:
"— A Vida é uma jornada e não uma corrida!"
— Então, não tenha pressa!

— A pressa não é só inimiga da perfeição, como também...
— É amiga da tristeza, ansiedade e depressão!

— Então, leve o tempo que precisar e o tempo que for necessário para alcançar as suas metas e os seus objetivos...
— Mas, com calma, paciência e mansidão!

— Pois como eu disse e volto a repetir:
"— A Vida é uma jornada e não uma corrida!"

(Solar ainda sentindo muita dor e sangrando, continua olhando confuso e assustado para o seu velho Mestre, sem entender o motivo e o porque do ataque repentino.)

Solar:
— Mas...
— Por que o Senhor me bateu tão forte Mestre?
— Você podia ter dito isso sem me bater!
— Olhe!
— A minha cabeça está sangrando!

(Solar ainda com dor, tira a mão do corte profundo com a mão cheia de sangue e coloca novamente a mão para tentar estancar o sangramento do ferimento, mostrando para o seu velho Mestre o que ele acaba de fazer com ele.)

O Grande Sábio:
— Assim como eu...

— A vida vai te bater Solar...
— Talvez como eu te bati...
— Ou talvez...
— Ainda mais forte ou pior!

— Quando você menos esperar, a vida te fará sangrar...
— Te surpreendendo, assim como eu te surpreendi!
— E é bom que você esteja preparado!

Solar:
— Mas...
— Preparado para que Mestre?
— A única coisa que consigo pensar agora, é sobre a dor que eu estou sentindo!

O Grande Sábio:
— Exatamente Solar!
— Preparado para a dor, tristeza, luta ou dificuldade!

Solar:
— O que o Senhor está tentando di...

(O Grande Sábio tenta bater no Solar novamente com o seu cajado de madeira e em alta velocidade, mas Solar coloca a mão na frente a tempo, se protegendo e evitando o ataque veloz do seu velho Mestre.)

Solar:
— Mestre???
— De novo o Senhor ia e bater???
— Por que???
— Por que o Senhor está fazendo isso???

(Solar continua olhando para o seu velho Mestre, confuso, assustado e com a sua testa sangrando, mas com a mão ainda segurando o cajado.)

O Grande Sábio:
— Você percebeu como dessa vez você já estava preparado Solar?

Solar:
— Não Mestre!
— Sorte sua que eu não tenho pai!
— Se não ele ficaria zangado com o Senhor!

(O Grande Sábio sorrir, puxa o seu cajado rapidamente, o apoiando novamente sobre o chão e o usando semelhante a uma bengala, como de costume.)

O Grande Sábio:
— Você não percebeu meu discípulo?
— Que você conseguiu se defender dessa vez?

Solar:
— O que???
— Eu não estou te entendo Mestre, o que o Senhor está querendo dizer!
— Eu só me defendir por reflexo, pois sabia que o Senhor me bateria de novo!

O Grande Sábio:
— Exatamente...
— Assim como eu Solar...
— A vida não vai te bater, apenas uma, duas ou três vezes!
— Ela vai te bater varias e varias vezes!

— A vida vai tentar te surpreender quando você menos esperar!
— Quando você menos esperar, ela ira te bater sem você se quer, ter chance de se defender!
— Então...

— Você deve está preparado para cada dor, tristeza, luta ou dificuldade!

Solar:
— Mas...
— Se a vida vai me bater sempre me surpreendendo, como o Senhor fez e está me dizendo...
— Como é que eu vou estar preparado?

— Como eu vou prever, me proteger ou suportar os ataques da vida Mestre?

O Grande Sábio:
— Meu pequeno discípulo!

— A vida é como uma grande escada!
— E cada degrau é uma dor, tristeza, luta ou dificuldade!

— Conforme você vai subindo cada degrau, você adquire experiências de vida e vai se aproximando do topo!

— Com cada degrau anterior te preparando e te ajudando, a atingir os degraus superiores.
— Ou seja...
— Cada dor, tristeza, luta ou dificuldade que você já passou na vida...
— Te preparará e te ajudará a passar por cada dor, tristeza, luta ou dificuldade, que estará por vir!
— Te tornando assim, cada vez mais forte!

— Subir essa grande escada da vida exigirá muito: esforço, dedicação, disciplina, foco, motivação, paciência, perseverança, persistência, trabalho duro e muita confiança em si mesmo!
— Mas, cada degrau também, te ensinará algo altamente valioso, só basta você aprender a enxergar, o que cada degrau está te ensinando, enquanto você vai subindo...
— Degrau por degrau!

(O Grande Sábio tenta bater no Solar novamente com o seu cajado de madeira e em alta velocidade, mas Solar mais uma vez, coloca a mão na frente a tempo e mais rápido do que a vez anterior, se protegendo e evitando o ataque veloz do seu velho Mestre.)

Solar:
— Mestre???
— Eu heim!!!
— Tá pensando que eu sou pandeiro pro Senhor ficar batendo é???

O Grande Sábio:
— Não Solar...
— Mas...
— Você está vendo como você está ficando cada vez mais ágil e mais preparado do que das outras vezes?

Solar:
— Isso até que é verdade Mestre!
— Estou mais atento, porque o Senhor está me atacando direto!

— Apanhar uma vez é aprendizado...
— Duas já é burrice não é?
— Pelo menos...
— Assim diz a minha avó!

O Grande Sábio:
— E ela tem toda a razão Solar!

— Assim como os meus ataques...
— Cada um dos degraus da grande escada da vida...
— Pode te ensinar mais sobre: esforço, dedicação, disciplina, foco, motivação, paciência, perseverança, persistência, trabalho duro, confiança em si mesmo e sobre muito outros ensinamentos valiosos que só a vida sabe ensinar!

— E cada ensinamento que a vida te der, te ajudará a

enfrentar...

— Cada dor, tristeza, luta ou dificuldade, que você vir a passar no presente ou no futuro e assim...

— Você continuará subindo a grande escada da vida, degrau por degrau!

— Cada vez mais forte e cada vez mais sábio!

— Com cada degrau anterior te ajudando, a chegar no topo!

(Solar com muita atenção em seu Mestre devido ao seu grande conhecimento, se esquece totalmente da sua dor e da sua cabeça que ainda está sangrando.)

Solar:
— Isso é...
— Incrível Mestre!

— Mas...
— O que tem no topo da escada?

O Grande Sábio:
— Eis a grande questão!
— O que tem no topo da sua escada da vida Solar?

Solar:
— Hãm???
— Mestre?
— Mas, essa foi a minha pergunta?!

O Grande Sábio:
— Sim meu pequeno aluno!
— O que eu quero dizer é que...

— Cada um de nós, temos algo que buscamos ao longo da nossa jornada e é isso que nos aguardará no topo Solar!
— Então, somente você poderá definir, escolher e dizer...

— O que realmente importa e é importante para você!
— E isso é, o que estará te aguardando no topo da escada da vida!

— Para alguns será o sucesso, terras ou realizações financeiras, como milhões de Stelas de Ouro!
— Para outros a felicidade, a paz e o amor já são o suficiente!
— Mas...
— Para Os Grandes Sábios assim como eu...

— O simples fato de poder respirar, acordar e viver...
— Já é o topo da grandiosa "Escada da Vida!"

(Um vento gelado sopra sobre Solar, ao ouvir o grande e valioso ensinamento do seu velho Mestre, enquanto o seu pequeno coração acelera batendo cada vez mais forte em seu peito. Ele respira fundo e senta-se novamente sobre a pedra, concentrado e focado em seu treinamento, calmo, sereno e sem pressa. E então, O Grande Sábio sussurrando para ele lhe diz.)

O Grande Sábio:
— Isso mesmo meu aluno!
 "— A Vida é uma jornada e não uma corrida!"

(Solar então abre somente um olho e resmunga para O Grande Sábio.)

Solar:
— A minha cabeça ainda ta doendo!
— Mas eu acho que eu estou começando a entender, o que o Senhor quer me dizer!

(O Grande Sábio sorrir graciosamente e o Solar fecha o olho, permanecendo concentrado, calmo, sereno, só que dessa vez sem pressa e sem ansiedade.)

Pensamento Do Grande Sábio:
"— Ele se quer percebeu..."
"— Que por ele ser uma Estrela..."
"— O ferimento dele já se curou completamente..."
"— E a dor que ele está sentindo é somente psicológica..."
"— Esse é o meu grande aluno!"

E então se passou:

O primeiro dia...
O segundo dia...

Uma década...
Um século...
Um milénio...

E após 2 mil Anos-Luz de treinamento calmo, sereno e sem pressa. Solar então conseguiu se conectar com o universo e através dessa conecção, ele conseguiu a tão sonhada conecção com a natureza, despertando assim os poderes da sua marca, dominando também a Super habilidade da manipulação gravitacional.

Treinamento: Solar.
Localização: Floresta Da Ilha.
Ano: 1.007.000 Anos-Luz.
Período: Dia.
Clima: Ensolarado.

Solar:
— Que incrível Mestre!
— Eu consigo vooooooooooooooooooooooooooooooaar...
— Uhuuuuuuuuuuuuuuuuuuuuuuuuuuuu!

(O Solar voa continuamente sobre o céu azul e sobre as nuvens, sentindo a brisa sobre o seu rosto e com o seu cabelo loiro e longo balançando sobre o vento, enquanto lá de baixo sobre uma pedra, O Grande Sábio levita e o admira impressionado com a sua rápida evolução.)

Pensamento do Grande Sábio:
"— Mesmo com toda a minha sabedoria, eu demorei alguns milénios para conseguir dominar essa grande habilidade, que é uma das mais difíceis de todas!"
"— E ele aprendeu absolutamente tudo sobre ela, em apenas 2 mil

Anos-Luz???"

"— Então, esse é o verdadeiro poder de uma Estrela???"

O Grande Sábio:
— O QUE VOCÊ ESTÁ SENTINDO SOLAAAR?

Solar:
— EU ME SINTO...
— LIVREEEEEEEEE MESTREEEE!

(O Grande Sábio altera um pouco mais a gravidade do seu corpo e também começa a voar sobre o céu azul, se aproximando rapidamente do seu pequeno aluno Solar.)

O Grande Sábio:
— Me siga Solar, tenho que te mostra uma coisa!

Solar:
— Sim Mestre!

(Alguns minutos depois...)

O Grande Sábio:
— Chegamos!
— Sabe aonde estamos?

Solar:
— Estratosfera Mestre?

O Grande Sábio:
— Não Solar.
— Estamos ainda mais alto.
— Nós estamos na, exosfera!
— A última camada da atmosfera terrestre Solar!

— Essa é a camada superior da atmosfera que fica a mais ou menos 1000 km acima da Terra.

Solar:
— Uauuuuuuuuuuuuu...

O Grande Sábio:
— É impossível um ser humano comum sobreviver a essa altitude e fora que pra eles aqui é impossível respirar!
— E também falar!
— Apartir daqui as ondas sonoras já não se propagam como na terra!

— Conseguimos realizar tal façanha...
— Justamente por sermos?

Solar:
— Galácticos?!

O Grande Sábio:
— Exatamente!

(Solar com o coração acelerado de emoção, fica fascinado, admirado e maravilhado, ao contemplar a terra do espaço, como um gigante planeta azul girando lentamente abaixo dos seus pés. Esse é o ponto mais alto em que ele já subiu, em toda a sua vida e isso causa nele uma grande confusão de conflitos de sentimentos bons e ruins. O grande silêncio da exosfera invade a sua alma e a paz absoluta sentida por ele nesse incrível momento, lindo e único, lhe faz refletir profundamente sobre toda a sua vida, que se torna completamente insignificante, diante de toda a imensidão do universo, que está diante dos seus olhos. Mas ao perceber que o seu jovem discípulo está começando a ter uma crise existencial profunda, O Grande Sábio estrala os dedos criando um som ultrassônico e chamando a atenção do jovem garoto novamente para si, fazendo-o acordar desse transe espacial, espetacular.)

(Estralar de dedos.)

O Grande Sábio:
— Solar?

(Solar olha novamente para O Grande Sábio.)

Solar:
— Sim Mestre?

O Grande Sábio:
— Está sentindo o seu corpo esquentar?

Solar:
— Sim e está muito quente, parece até que o meu sangue está fervendo por dentro!
— Estou assando que nem os pãezinhos do Sr Padeiro, dentro do forno a lenha!

(O Grande Sábio Sorrir.)

O Grande Sábio:
— A temperatura aqui pode alcançar até os mil graus célsius Solar. (1000 °C)

Solar:
— Realmente...
— É muito quente Mestre!

O Grande Sábio:
— Demais!
— Agora olhe para o Sol!

Solar:
— Estou vendo Mestre!
— Ele fica muito mais...
— Incrível olhando daqui!

(O Grande Sábio sorrir.)

O Grande Sábio:
— Você foi privilegiado Solar.

Solar:
— O que?

O Grande Sábio:
— Você foi presenteado pelo o Universo, justo com a nossa Estrela Rei!
— Para nós, ela é a estrela mais importante de todo o universo e de toda a nossa galáxia!
— Você tem noção disso Solar?

(O coração do pequeno Solar volta a acelerar, devido a grande emoção de voltar a se sentir importante, como parte de algo maior e algumas lágrimas de humildade caem dos seus pequenos olhos.)

Solar:
— Isso é...
— Uma honra Mestre!
— E sou muito grato por tudo isso!
— Mesmo sem merecer.

O Grande Sábio:
— Agradeça ao universo Solar!
— Pois ele que te concedeu essa tal proeza!

— Você é o único que nasceu com essa marca!
— Você é único em toda a Terra!

— Você é digno de carregar a grandiosa marca do nosso Sol!
— Que é a nossa Estrela Rei Solar!

Solar:
— Isso é, magnifico Mestre!
— Eu não tenho palavras para descrever a minha eterna gratidão!

O Grande Sábio:
— Eu imagino meu aluno...
— Agora aponte a sua marca para o Sol!

(O Solar aponta a marca dele para o Sol e se surpreende por algo grandioso acontecer.)

Solar:
— UAUUU MESTRE...
— ELA ESTÁ BRILHANDO MAIS FORTE!

— MESTRE?
— O QUE ESTÁ ACONTECENDO???

— EU SINTO...
— SINTO ALGO...
— DIFERENTE!

— SINTO UMA GRANDE ENERGIA TOMANDO CONTA DO MEU CORPO E DE TODO O MEU SER!

O Grande Sábio:
— Você e o sol estão totalmente conectados Solar e com o tempo, você irá conseguir sentir toda a energia do Sol na palma da sua mão direita, em sua marca...
— E depois disso, em todo o seu corpo!

— E assim, você controlará todo o seu glorioso poder Estelar!

— Mas...
— Por hora...
— O que eu quero que você entenda agora é que...

— Você é o único Galáctico e a única Estrela da terra, que está mais próximo da estrela da sua própria Marca!
— A única!

— Todas as outras estrelas estão a anos luz de distância e somente o sol está próximo a terra...
— E de quem é a marca da estrela sol...
— É sua Solar!

Solar:
— É mesmo né Mestre?!
— Isso é incrível!

— Eu nunca parei para pensar nisso!

O Grande Sábio:
— Realmente...
— É incrível meu aluno!

— Você está mais próximo do sol que é a Estrela da sua própria marca, do que qualquer outra Estrela existente!
— E por isso...
— Você é diferente de todas as outras Estrelas Solar!

(O coração do Solar acelera cada vez mais, enquanto ele olha para o Sol e para a sua marca em sua mão direita, fascinado com o seu majestoso poder. Os fótons que chegam até ele, o tocam, adentrando o seu corpo e aquecendo a sua alma. Os seus olhos brilham tanto quanto a luz do sol, o fazendo se sentir especial, diante de toda a grandiosidade de todo o universo e de toda a galáxia. Mas, no mesmo momento em que isso acontece, a sua humildade e simplicidade, junto com o seu senso de justiça, o tocam profundamente, falando mais alto do que toda a magnitude do seu poder. E nesse momento a única coisa que se passa pela a sua mente é a sua obrigação e o seu dever de proteger a tudo e a todos com o seu sublime poder.)

Solar:
— Eu prometo para você Mestre!
— Que eu protegerei a todos com o meu poder!
— Mesmo que isso custe tudo o que é importante para mim...
— Mesmo que isso custe a minha marca!
— Eu vou proteger a todos com a minha vida!

(O Solar fecha o punho esperançoso, firmando a sua promessa para com o seu sábio Mestre, que o olha sorrindo graciosamente.)

O Grande Sábio:
— Eu sei que você vai meu querido aluno!
— Eu sei que você vai!

— Mas antes de tudo isso acontecer...

—Você primeiro terá que aprender e entender, qual é a diferença entre:

— Preço e Valor!

Solar:

— Preço e valor?

— Mas, os dois não são as mesmas coisas Mestre?

— Preço não é o valor a se pagar por algo que você deseja?

O Grande Sábio:

— Vai muito além disso meu pequeno discípulo!

— Tive uma ideia!

— Me siga Solar.

— Eu quero que você veja e entenda com os seus próprio olhos a diferença entre preço e valor!

Solar:

— Sim Mestre!

— Estarei logo atrás de você!

(O Grande Sábio desce do céu e o Solar o segue, eles vão em direção a um pequeno vilarejo na Ilha, que possui diversos comerciantes e mercadores em uma pequena feira. Nela possui diversas pessoas e galácticos gritando e divulgando as suas mercadorias, vendendo: frutas, legumes, verduras, peixes, tapeçarias dentre outras coisas, todas expostas em prateleiras de madeira e dentro de bacias e sacos de pano, disponíveis para compra imediata.)

Solar:

— Uma feira Mestre?

— O que vamos fazer aqui?

(Solar olha confuso para O Grande Sábio, enquanto eles caminham no meio da feira da Ilha.)

O Grande Sábio:

— É porque...

— Eu estou cagado de fome meu jovem discípulo!

— Não comi nada desde de ontem.

— Desse jeito toda minha sabedoria, descerá descarga abaixo!

(O Grande Sábio sorri alegremente e o pequeno Solar também, mas se sente confuso e surpreendido com a frase engraçada que o se velho Mestre acabou de pronunciar.)

O Grande Sábio:

— Olá meu bom Senhor.

— Qual é o preço das suas belas mangas?

(O Grande Sábio para de frente para uma barraca de mangas, na qual possui diversas mangas de todos os tamanhos empilhadas umas sobre as outras.)

Mercador De Mangas:

— Olá, bem vindos a minha humilde barraca de mangas.

— É um prazer atendê-los meu Senhor e meu jovem garotinho.

— Sobre as mangas, eu faço uma manga por duas Stellas de bronze.

O Grande Sábio:

— Perfeito!

— Eu vou querer uma!

— Faz tempo que eu estava querendo comer uma manga!

(O velho cavalo do Senhor mercador de mangas que está amarrado atrás da sua pequena barraca, rincha inquieto e em seguida se abaixa novamente para mastigar o seu pequeno fardo de feno e O Grande Sábio olha para ele.)

Solar:

— Ele só escolheu manga, porque maça não se come sem dentes!

O Grande Sábio:

— O que disse Solar?

Solar:
— Manga é boa, porque não estraga os dentes!

(Solar sorrir.)

O Grande Sábio:
— Hum...
— O silêncio também é bom meu discípulo...
— E também conserva os dentes!

Solar:
— iiii...
— Molhou!

(O Grande Sábio sorrir para Solar, que treme de medo.)

O Grande Sábio:
— Eu posso até ser velho meu aluno...
— Mas ainda não sou surdo viu!

(O Grande Sábio coça os ouvidos com a ponta dos seus dedos.)

Solar:
— Me perdoe Mestre!
— É que as vezes eu penso alto demais!

(Solar sorrir envergolhado.)

O Grande Sábio:
— Eu estou brincando com você meu aluno...
— E te entendo completamente!
— Afinal...
— Temos isso em comum!

— A minha boca grande já me colocou em tanta furada!

Solar:
— A minha também Mestre, tipo essa!

(O Grande Sábio e o Solar gargalham de sí mesmos.)

O Grande Sábio:
— Mas se me chamar de velho sem dentes de novo...
— Eu prometo que eu vou te espaguetificar, até não sobrar mais nem um átomo dentro do seu corpo!

(A alma do Solar gela de medo do seu Mestre ao ouvir os sussurros dele próximo aos seus ouvidos.)

Mercador De Mangas:
— Somente uma manga meu Senhor?
— E a pequena criança?

O Grande Sábio:
— Isso mesmo!
— Será somente uma!

Mercador De Mangas:
— Tudo bem, deixa eu ver...
— Prontinho!
— Essa aqui é a maior e a mais suculenta de todas!

— Veio da melhor colheita da região!
— Pode ser essa meu Senhor?

(O Mercador De Mangas levanta uma grande manga com a casca bem vermelha e brilhosa, bem suculenta aos olhos de quem a vê.)

O Grande Sábio:
— Hum...
— Essa não!
— Aquela ali!

(O Grande Sábio aponta para uma pequena manga verde que estava abaixo de todas as outras grandes mangas doces e suculentas.)

Mercador De Mangas:
— Essa pequena Senhor?

— Mas...

— Ela ainda está verde!

— O gosto dela deve estar horrível!

— Sugiro que o meu Senhor escolha outra.

O Grande Sábio:

— Não tem problemas bom Senhor.

— O meu pequeno discípulo gosta assim!

— Ele ama comer mangas verdes com sal!

— É um gosto peculiar, mas é saboroso!

(Solar ao ouvir o que O Grande Sábio acabou de pronunciar fica surpreso e o questiona imediatamente confuso.)

Solar:

— O Grande Sábio???

— Como o Senhor sabe que eu prefiro mangas verdes para comer com sal do que as normais e maduras???

— Como???

— Eu nunca havia falado isso para ninguém, além da minha avó?!

— Como o Senhor descobriu???

— E faz quanto tempo que o Senhor sabe disso???

(O cavalo do Mercador rincha novamente e espirra sacudindo a sua cabeça.)

O Grande Sábio:

— Como eu havia te dito Solar no início do seu treinamento e volto a repetir...

— Há muitas coisas que eu sei Solar!

— Há muitas coisas que eu sei...

Solar:

— O Senhor está parecendo os meu vizinhos daqui da Ilha...

— Sabe mais da minha vida do que eu!

(O Grande Sábio Sorrir.)

O Grande Sábio:
— Solar!

Solar:
— Sim Mestre.
— Me desculpa!

(O Grande Sábio chama a atenção do Solar para ele permanecer em silêncio e imediatamente ele percebe o sinal do seu Mestre e assim o faz, ficando em silencio e voltando a prestar atenção em todas as palavras do seu Mestre com o velho mercador.)

O Grande Sábio:
— Então meu bom Senhor.
— Qual será o preço dessa pequena manga verde?
— O mesmo das outras mangas grandes, vermelhas e suculentas?
— Duas Stellas de bronze?

Mercador De Mangas:
— Já que você insiste nessa...
— Irei lhe fazer um desconto por ela ser pequena e ainda estar verde!
— Farei essa pequena manga verde por uma única Stella de bronze.

(Solar observa tudo com atenção e começa a entender em partes a diferença entre preço e valor.)

O Grande Sábio:
— Mas meu Bom Senhor...
— Eu posso lhe fazer uma humilde pergunta?

(O Velho Mercador de mangas olha para O Grande Sábio surpreso.)

Mercador De Mangas:
— Sim, com toda certeza pode.

O Grande Sábio:
— Sobre o preço.
— Por que o preço das mangas grandes, vermelhas e suculentas são duas Stellas de bronze e o preço da pequena manga verde é uma única Stella de bronze?
— Sendo que as duas são mangas?
— O justo não seria as duas possuírem o mesmo preço?

Mercador De Mangas:
— Pergunta curiosa a sua meu Senhor.
— E como eu disse.
— As mangas grandes e vermelhas, além de serem maiores também são mais doces e suculentas.
— Diferente das mangas pequenas e verdes.
— Que além de pequenas, são mais azedas e amargas.
— Embora ambas sejam mangas, cada uma possui o seu valor no paladar de quem irá comer e consumi-las.

Solar:
— Entendi, então, essa é a diferença entre preço e valor que você havia falado Mestre?

(O Grande Sábio sorrir para o pequeno Solar.)

O Grande Sábio:
— Entende agora Solar.
— A diferença entre preço e valor?

— Ambas são mangas.
— Ambas possui um preço.
— Mas também...
— Ambas possui um valor.

— Enquanto uma possui o preço mais caro, pois o seu valor é mais doce e suculenta.
— A outra possui o preço mais barato, pois o seu valor é mais azedo e amargo.

— Preço é o que você pagará em Stellas pela manga.

— Valor é o que a manga significará para você de acordo com o seu gosto ou paladar e isso pode variar de pessoa para pessoa.

— Para o mercador, as mangas verdes possuem um preço mais baixo, pois o seu valor é mais azedo e amargo.
— Mas para você Solar, caso você fosse o Mercador.
— O preço das mangas verdes seriam mais caros do que as mangas vermelhas, por elas possuírem uma valor maior para você.

— Essa é a diferença entre preço e valor entre mangas!
— Mas...
— Lembrando Solar.
— Isso não é sobre mangas!

Solar:
— Não é sobre mangas Mestre?

O Grande Sábio:
— Não Solar.
— Isso se aplica a tudo...
— E a todos!

(O Mercador de mangas que observa os dois conversando com os olhos arregalados, pega a marga verde e começa comê-la inconscientemente, completamente confuso ao ouvir a louca conversa sobre preço, valor e mangas, do velho Senhor e do jovem garoto.)

Solar:
— A tudo e a todos?

O Grande Sábio:
— Sim Solar.
— Somente me observe!

(O Grande Sábio retira uma Stella de ouro dos seu bolsos e

estende a mão para o Mercador de mangas.)

O Grande Sábio:
— Aqui está meu bom Senhor.
— O pagamento pelo o seu tempo.

(O Mercador que se lambuzava inconsciente comendo a manga verde, acorda imediatamente ao ver a Stella de ouro brilhando diante dos seus olhos e todos ao redor da feira olham para as mão d'O Grande Sábio admirados e começam a lhe oferecer mercadorias de todos os tipos. Na mesma hora o velho cavalo do mercador de mangas rinchou chamando assim a atenção.)

Mercador De Mangas:
— Uma Stella de ouro???
— Você está me dando uma Stella de ouro???
— Isso...
— Só pode ser um sonho!

O Grande Sábio:
— Sim, é sua...
— Esse é o pagamento pelo o seu tempo!

(O Grande Sábio sorrir e o cavalo rincha novamente.)

Mercador De Mangas:
— Por você ter uma Stella de ouro você só pode ser de alguma família real!
— O Senhor é filho de um Rei?
— Ou o Senhor é um Rei?
— Seja o que for...
— Me perdoe majestade pela insolência!

(O Mercador se curva imediatamente diante d'O Grande Sábio.)

O Grande Sábio:
— Levante-se meu bom Senhor.
— Não crie alarde!
— Apenas estenda a sua mão!

(O Mercado se levanta imediatamente e estende a mão para o Grande Sábio, que solta a Stella de ouro em suas mãos.)

Mercador De Mangas:
— A moeda mais preciosas de todos os reinos, de todo o mundo e de todas as galáxias!
— Com essa única moeda eu poderia comprar criados, reinos e castelos!
— Então, ela realmente é minha meu Senhor???

O Grande Sábio:
— Se você aceitou a minha condição!
— A resposta é sim!

Mercado De Mangas:
— Sim meu Senhor!
— Seja qual for a sua condição ou o seu pedido eu aceitarei de bom grado!

— Só me falar qual que é a sua condição, que lhe será dado!
— O Senhor quer a minha barraca de mangas?
— É ela que o Senhor quer?
— Ela é toda sua!

(Solar observa tudo calado e prestando atenção em cada detalhe.)

O Grande Sábio:
— Não meu Bom Senhor.
— Eu acho que o Senhor não me entendeu!
— Eu já disse a condição!
— Eu lhe dei essa moeda, como pagamento pelo o seu tempo!

(O Cavalo do Mercador rincha novamente.)

Mercador De Mangas:
— Pagamento pelo o meu tempo?
— O que o Senhor quer dizer com isso?

— Essa moeda é o pagamento pelo o tempo que conversamos sobre as mangas?

(O Cavalo do Mercador rincha novamente.)

Solar:
— Eu também não entendi Mestre!
— O Senhor está pagando para ele uma Stella de ouro, só por ele ter conversado conosco?

O Grande Sábio:
— Não meus amigos!
— Vocês não compreendem?

— O que vale mais?
— Uma manga?
— Ou o Tempo?

Solar:
— Eu presumo que seja o tempo Mestre!

(Solar fica feliz com a boa atitude do seu velho Mestre, enquanto o cavalo rincha mais duas vezes.)

Mercador De Mangas:
— NÃO!
— JAMAIS!
— EU NÃO POSSO FAZER ISSO!

(O semblante do velho Mercador de mangas muda quase que imediatamente e o Solar fica confuso com a mudança repentina.)

O Grande Sábio:
— Mas por que meu bom Senhor?
— Você ficou tão feliz e empolgado ao ver a minha Stella de ouro, que me disse que qualquer coisa que eu pedisse lhe seria me dado!
— E eu quero o seu tempo!

(O Cavalo rincha novamente.)

Solar:
— O que está acontecendo Mestre?
— Por que ele parece apavorado agora?

O Grande Sábio:
— Isso é sobre o preço e o valor Solar!
— Apenas preste atenção!

(Lágrimas começam a cair dos olhos do Mercador que anda para trás lentamente.)

Mercador De Mangas:
— Não!
— Eu não posso lhe dar o meu tempo!
— Ele é muito precioso para mim!
— Eu jamais faria isso!
— Sem o meu tempo eu não sou nada!

(O Cavalo rincha de novo e de novo.)

O Grande Sábio:
— Então eu aumentarei a proposta!
— E lhe darei...
— 10 Stellas de ouro em troca do seu tempo!

(O Mercador De Mangas começa a chorar, enquanto O Grande Sábio retira um saco de pano cheio de Stellas de Ouro e o cavalo rincha novamente.)

Pensamento Do Solar:
"— O que está acontecendo???"
"— Por que o Mercador começou a chorar do nada???"
"— Ele parece está preocupado!"
"— Mas preocupado com o que?"
"— Que tempo é esse que o mestre está falando?"

Mercador De Mangas:

— 10 Stellas de ouro???
— Isso é mais do que eu possa imaginar!

O Grande Sábio:
— Negocio fechado?
— 10 Stellas de ouro pelo o seu tempo?

(O Cavalo rincha mais uma vez e o Mercador olha para o seu cavalo entristecido.)

Mercador De Mangas:
— Sinto muito meu Senhor.
— Mas...
— Eu não posso lhe vender meu tempo!

(O Cavalo rincha mais uma vez.)

O Grande Sábio:
— Entendo.
— 10 Stellas de ouro não são o suficiente para pagar o preço pelo o seu tempo.
— Mas me explique.
— O quanto o tempo é precioso para você?

(Solar olha confuso para o seu Mestre e o Mercador que conversam sobre o tempo enquanto o cavalo relincha novamente e novamente. E então o Mercador caminha até o tempo e começa a acaricia-lo com lágrimas caindo dos seus olhos.)

Mercador De Mangas:
— Meu Senhor...
— Eu peguei o tempo...
— Quando ele era apenas um potro recém-nascido!

— Um filhotinho que a princípio eu achei que não iria sobreviver ao tempo, pois a sua mãe havia morrido.
— Mas...
— Graças a mim...

— Que cuidei dele como um filho
— Ele sobreviveu!

— E desde então ele tem me ajudado durante décadas nesse trabalho.
— Ele tem me acompanhado por longas viagens...
— Ele me ajudou a transportar mercadorias e por muitas vezes...
— Foi a minha única companhia nas noites frias de inverno.

— Ele me ajuda a colher, plantar, carregar e ele também me leva para todos os lugares....
— Então...
— Ele já é alguém da família muito especial para mim!
— E não a preço que pague o seu valor e tudo o que o tempo já fez por mim!

O Grande Sábio:
— Então bom Senhor, esse é o valor do tempo para você?
— Mesmo ele estando velho e doente?

(O Cavalo rincha novamente e espirra.)

Mercador De Mangas:
— Sim meu Senhor!
— Como eu disse!
— Não a preço que pague o valor que o tempo tem para mim!
— E mesmo que ele esteja doente já no fim de sua vida...
— O seu valor para mim é inestimável e incalculável!

(O Mercador de Mangas abraça o seu velho cavalo com lágrimas no rosto e Solar se emociona mesmo confuso com toda essa história sobre o tempo.)

O Grande Sábio:
— Entende agora Solar?
— A diferença entre Preço e Valor?

Solar:

— Eu conseguir entender em partes Mestre...
— Mas ainda estou confuso!

O Grande Sábio:
— Quais são as sua dúvidas meu pequeno discípulo?

Solar:
— O que é o tempo que vocês tanto falam?

(O cavalo rincha mais uma vez.)

O Grande Sábio:
— O tempo que estamos falando Solar...
— É o cavalo do Mercador.
— O nome dele é: Tempo!
— Por isso ele rincha toda vez que escuta o seu nome sendo chamado!

(O cavalo rincha mais uma vez.)

Solar:
— O nome dele é tempo?

(O Cavalo rincha novamente com o Mercador ainda o abraçando.)

Solar:
— Agora...
— Eu entendi tudo Mestre!
— A diferença entre preço e valor!

(O Grande Sábio Sorri enquanto Solar tem um ápice de pensamentos, refletindo sobre toda a historia sobre o tempo, o preço e o valor.)

O Grande Sábio:
— O preço Solar, é uma quantificação, uma tentativa de padronizar o mundo em valores monetários, é simplesmente uma troca de Stellas por algo, objeto, serviços ou ações...
— Que talvez possa ser substituído por outras coisas de

capacidades iguais ou semelhantes.

— Já o valor é pessoal, subjetivo e, em muitos casos como esse, incalculável!
— Pois, ao se considerar o valor, a análise se torna mais complexa e profunda, podendo envolver vivencia, sentimentos e emoções.

— O valor é o que faz algo ser importante ou especial. Pode ser que algo tenha valor porque fez parte de um momento muito importante na sua vida, como uma amizade, um familiar ou até coisas e animais.
— Isso porque teve muita importância emocional e afetiva envolvida na sua vida.

— Às vezes, o valor é o que as pessoas pensam sobre algo, e outras vezes, é algo que é importante para todos nós, assim como a vida. O valor nos ajuda a entender o por que gostamos de certas coisas e por que elas são importantes para nós.

— O cavalo Tempo, não é apenas uma mercadoria, mas tem um significado simbólico e emocional para o mercador de mangas. Ele lembra das dificuldades que superaram juntos, das paisagens que exploraram, e do vínculo que se formou com o Tempo. Para o mercador, o cavalo carrega mais do que sua utilidade; carrega memórias, confiança e um sentido de lealdade. O valor, nesse contexto, transcende o simples cálculo financeiro.

(Solar fica estagnado com a tamanha sabedoria do seu velho Mestre que usou coisas simples para explicar um grande ensinamento que vale mais do que ouro.)

O Grande Sábio:
— Com um tempo meu pequeno discípulo...

(O cavalo rincha mais uma vez.)

O Grande Sábio:

— Não esse tempo...
— O tempo normal mesmo...

(Todos sorriem.)

O Grande Sábio:
— Com o passar do tempo...
— Você irá aprender ainda mais sobre o preço e o valor tanto das coisas e objetos.
— Como também...
— O preço e o valor da vida!

Solar:
— O preço e o valor da vida Mestre?

O Grande Sábio:
— Exatamente!
— Assim como eu disse que esse assunto não era sobre mangas vermelhas e verdes...
— Esse assunto também...
— Não é sobre cavalos!
— Pois preço e valor vai muito além disso!

— Mas...
— Agora vamos Solar!
— Pois o seu próximo e novo treinamento se iniciará amanhã!

Solar:
— Sim Mestre!

(O Grande Sábio deixa o pequeno saco com 10 Stellas de outro, sobre a banca de mangas para o Mercador sem que ele veja, pois ele ainda permanece abraçando o seu tempo chorando emocionado e com elas, ele conseguirá tratar o seu velho cavalo, para que ele dure por mais um tempo. E então os dois vão embora rapidamente sumindo no meio da multidão, com o Solar ainda refletindo profundamente em todos os ensinamento sobre Preço e Valor, dados pelo o seu Sábio

Mestre, O Grande Sábio.)

(E então se passou mais 3 mil Anos-Luz de treinamento e então chegou o último dia...)

Último Dia De Treinamento: Solar
Localização: Floresta da Ilha.
Ano: 1.010.000 Anos-Luz
Período: Tarde.
Clima: Nublado.

(O céu está nublado com as suas nuvens acinzentadas, as folhas das arvores que estavam alaranjas quase todas já caíram uma após a outra, pois em breve se iniciará o longo inverno, mudando totalmente a estação, junto com uma neve branca, macia e fria, que em breve cairá e cobrirá toda a Ilha, se tornando cada vez mais densa e congelante no decorrer do tempo. Solar então flutua silenciosamente sobre a gravidade e sobre o ar pela a floresta, na esperança de surpreender o seu grande Mestre pelas as costas. Ele não fez se quer nem um barulho em todo o trajeto do caminho, nem mesmo com a sua respiração, tudo para tentar surpreender O Grande Sábio pela primeira vez, após milhares de tentativas em vão.)

Pensamento Do Solar:
"— É agora ou..."
"— Nunca!"

(Ele ainda flutuando, se esconde atrás de uma grande árvore e vê o seu velho Mestre de costas, levitando sobre a mesma pedra de sempre.)

Pensamento Do Solar:
"— Ele está completamente concentrado em sua meditação!"
"— Será impossível ele perceber a minha presença!"
"— Dessa vez eu consigo!"

(Ele silenciosamente avan...)

O Grande Sábio:
— Seja bem-vindo Solar!

Solar:
— Ah que raiva!
— Realmente Mestre, eu nunca vou conseguir te surpreender!

O Grande Sábio:
— Você já me surpreendeu Solar.
— Você já me surpreendeu!
— Pronto para o seu último dia de treinamento?

Solar:
— Sim Senhor!

(O tempo se passou e Solar agora está com 10 Mil Anos-Luz de idade, os seus cabelos longos e loiros possuem duas longas tranças laterais, que se encontram entrelaçadas por um ramo de trigo, que está amarrando-as atrás de sua cabeça. Após esses 5 Mil Anos-Luz desde que Solar iniciou o seu árduo treinamento, ele adquiriu muito conhecimento sobre a sua marca, sobre a vida dos galácticos e sobre todo o seu universo. Mas, ainda, há uma grande lição a ser aprendida e que está prestes a ser lhe ensinada pelo o seu Mestre, O Grande Sábio, na qual essa lição, Solar a levará consigo, por toda a sua vida e por toda a sua jornada, dentro do seu coração, durantes décadas, séculos e milênios.)

O Grande Sábio:
— Em todos esses anos Solar...
— Você aprendeu tudo sobre "As Quatro Forças Fundamentais da Natureza."

— Você aprendeu habilidade como: controlar a gravidade, atração, repulsão, campo eletromagnético, fusão nuclear, radiação, manipulação de energia, velocidade da luz, órbitas,

tempo e espaço, luta corporal, dentre outras habilidade!
— E por último você aprendeu sobre a transferência de marca e a sua habilidade solar especial.

— Algumas dessas habilidade que você aprendeu, você falhou e outras você teve êxito, se tornando praticamente um especialista!
— O que era de se esperar de uma jovem Estrela poderosa como você!

Solar:
— Nossa Mestre, parece que foi ontem que começamos a treinar...
— Eu já estou tão Velho quanto o Senhor!

(O Grande Sábio com o seu cajado, ataca Solar repentinamente na velocidade do som, mas com muita facilidade, Solar consegue se esquivar, fazendo o seu velho Mestre sorrir de orgulho do seu Jovem aluno.)

O Grande Sábio:
— Realmente Solar...
— Parece que foi ontem!

— O tempo passa rápido...
— Muito rápido meu querido aluno!

Solar:
— Muito mesmo Mestre.
— Ah...
— Tenho uma proposta para fazer para o Senhor...

O Grande Sábio:
— Se o Senhor não for casado...
— O que acha de conhecer a minha avó???

(O Grande Sábio para de levitar, caindo no chão desconcentrado e começa a correr atrás do Solar tentando o acertar com o seu cajado.)

Solar:
— EU TO BRINCANDO MESTRE!
— EU TO BRINCANDO MESTRE!

(Solar corre sorrindo, mas desesperado ao redor do campo de treinamento, fugindo d'O Grande Sábio que quer o espaguetificar furioso.)

O Grande Sábio:
— VENHA AQUI SEU GAROTO PERTUBADO E PERVERTIDO!
— PARA CONHECER O PODER DA MINHA ENERGIA DA PRESENÇA ATÔMICA NEUTRA!
— COM ELA EU VOU TE ESPAGUETIFICAR TE DEIXANDO QUE NEM UM MACARRÃO!

— VIROU SANTO CASAMENTEIRO FOI???
— VOLTA AQUI!

(O Grande Sábio lança uma pedra no pé esquerdo do Solar, mas ele esquiva pulando e olhando ela passar por baixo dele lentamente. Na mesma hora, O Grande Sábio o surpreende lançando o seu cajado girando na velocidade do som e Solar o vê lentamente já bem próximo ao seu rosto, o pegando de surpresa mais uma vez.)

Solar:
— Molhou!

(Som de impacto.)

O Grande Sábio:
— Te peguei!

(Ele então acerta Solar em cheio, que cai no chão com um galo na cabeça e a poeira do campo sobe com o grande impacto.)

Solar:
— Ao menos o cajado dele funciona e a minha avó poderia usá-lo para espantar mosquito!

(Solar desmaia.)

(Após alguns minutos...)

O Grande Sábio:
— Solar???
— Solar???

— Para de durmi e levanta logo desse chão!
— Seu preguiçoso!

— Você é uma Estrela, não um tapete!

(O Grande Sábio cutuca Solar no peito com o seu cajado, pois ao invés de ferido ele estava dormindo mas ele não acorda.)

O Grande Sábio:
— Não vai acordar não é???

(O Grande Sábio aponta a mão direita dele para o Solar e dela surge uma enxurrada de água, que cai sobre o rosto do jovem garoto.)

O Grande Sábio:
— ACORDA SOLAAAAAAAAAAAAAAAAAAR!

(Solar acorda se afogando e da um pulo do chão, já começando a flutuar com a sua marca estelar brilhando.)

Solar:
— Sim Mestre!
— Já estou cem por cento regenerado!

(Solar coloca a mão na cabeça saudando O Grande Sábio como de custume.)

O Grande Sábio:
— Você quase nem se feriu Solar!
— A sua regeneração Estelar é quase que instantânea!

(Solar boceja de sono.)

Solar:
— É que ontem eu fui durmir bem tarde Mestre, ajudando os moradores da Ilha...
— Eles precisavam coletar muitas lenhas para o longo inverno que breve virá...
— E eu sou o único que consegue arrancar e guenta carregar, os pesados troncos das árvores...
— Então eu os ajudei!

(Solar boceja de sono novamente.)

O Grande Sábio:
— Entendo meu bondoso aluno...
— Eu sei que você tem um bom coração!

— Então...
— Agora chega de brincadeira...
— E vamos iniciar o seu último e mais difícil treinamento!

Solar:
— Eu estou pronto Mestre!
— Seja o que for, eu vou fazê-lo e concluí-lo com sucesso!

(O Solar fecha o punho com força e animado, pronto para mais um grande desafio.)

O Grande Sábio:
— Então Solar...
— O seu último treinamento de hoje é...

— Me Matar!

(O tempo parece parado e o clima fica tenso de uma hora para outra.)

Solar:
— TE...

— MATAR?

(O Solar olha para o seu Mestre surpreso e assustado, e imediatamente ele começa a suar frio e o seu coração dispara, acelerando ao máximo em questão de segundos. Enquanto no céu, uma pequena estrutura cristalina de gelo, que se formou quando o vapor d'água no ar se condensou, congelando ao redor de um núcleo de congelamento sobre as nuvens, em temperaturas abaixo de zero, formando assim uma estrutura cristalina hexagonal chamada de floco de neve. Começa a cair lentamente em direção a terra, frio e congelado. E ao cair, esse primeiro floco de neve, acaba tocando o jovem Solar, caindo sobre o seu jovem rosto, iniciando assim, o longo inverno que acaba de começar, vindo junto com uma triste e difícil escolha.)

Solar:
— O QUE MESTRE???
— EU???
— MATAR O SENHOR???

O Grande Sábio:
— Sim Solar.
— Me matar!

(Solar continua olhando para O Grande Sábio espantado, sem saber o que fazer a respeito do seu pavoroso pedido.)

Solar:
— Mas...
— Como assim O Grande Sábio???
— Eu...
— Não posso matar alguém que Eu amo, admiro e sempre me ajudou!

O Grande Sábio:
"— Às vezes Solar, é necessário lutar contra quem amamos para proteger um bem maior!"

— E se for necessário, a morte pode se tornar a única e melhor opção!

(Solar abaixa a cabeça entristecido e fala com uma voz alta, séria e ríspida, sem ao menos se quer gaguejar, com as suas palavras.)

Solar:
— Eu...
— Nunca...
— Vou matar...
— Alguém que eu amo Mestre!

(O Grande Sábio explode a sua energia emitindo uma grande quantidade de calor, ele se transforma levitando, demostrando para o jovem Solar a grandiosidade de todo o seu poder. A sua energia e a áurea ao seu redor em questão de segundos se torna mais fria do que a própria neve, que começa a cair do céu em flocos e em grandes quantidades sobre eles. E Solar o olha com o medo e o terror estampado em seus olhos.)

O Grande Sábio:
— Eu vou atacar a Ilha e matar a sangue frio todos os moradores dela!
— Assassinarei inocentes, desde idosos até as crianças de forma cruel!
— Incluindo todas as pessoas que você mais ama!

— Começando pela a sua...
— Avó!

— Eu a matarei cortando a sua cabeça, arrancando os seus dois olhos e a sua língua e depois...
— Queimarei a sua casa junto com o seu corpo!

— Mas, não queimarei a sua cabeça...
— Tudo para que você saiba e tenha certeza de que...
— Foi eu!

— E então, eu te pergunto novamente Solar...
— Você me odiará e me matará???
— Sendo eu também, alguém que você ama???
— Depois que eu fizer tudo isso???

— Você ainda...
— Me poupará???

— Ou me matará agora...
— Para evitar todo esse caos!

(O Grande Sábio ainda transformado olha com raiva e ódio para Solar, mostrando a sua verdadeira face e começa a gritar com o jovem garoto.)

O Grande Sábio:
— QUANDO EU MATAR A SUA AVÓ E TODOS OS QUE VOCÊ AMA...
— VOCÊ ME MATARÁ SOLAR???
— OU IRÁ MORRER TAMBÉM POR MINHAS MÃOS???
— ESCOLHA AGORA!

(Solar abaixa a cabeça.)

Solar:
— Não...
— Senhor!

O Grande Sábio:
— NÃO O QUE SOLAR???
— O QUE VOCÊ FARÁ???
— RESPONDA!

— IRÁ MORRER???
— OU MATAR???

(O Solar olha para O Grande Sábio com os seus olhos e a sua marca brilhando radiantemente, eles brilham tanto quanto a luz do sol que se esconde sobre as nuvens de inverno. A luminosidade do seu brilho é tão intensa, que alcança longas distâncias e faz com que todos os moradores da ilha que estão distante da floresta e dentro de suas casas, sintam a sua grandiosa presença, abrindo imediatamente as suas portas e janelas se perguntando uns aos outros o que está acontecendo. E então Solar responde para O Grande Sábio, com o seu coração ardendo em chamas, devido a terrível ameaça repentina que acaba de surgir, com a transformação do seu próprio Mestre se tornando, o seu maior e pior inimigo.)

Solar:
— Eu Mestre...
— Vou te encher de porrada, até não sobrar mais energia no meu corpo!
— Eu vou te bater tão forte mais tão forte, que você irá se arrepender de ter nascido e me implorará para voltar para a barriga da sua mãe!

— Eu irei te bater até fazer você acorda e reconhecer que o que você quer fazer não é certo!

(O Grande Sábio olha profundamente nos olhos do Solar.)

Solar:
— Mas...
— Mesmo assim...
— Eu não irei...
— Te matar!

— Simplesmente por que eu nunca...
— Eu nunca vou matar alguém!

— Ainda mais sendo alguém que eu...
— Que eu...
— Que eu...
— Amo!

(Solar ainda brilhando muito, começa a chorar abaixando a

sua cabeça e ficando totalmente vulnerável, enquanto muitas lágrimas de tristeza caem dos seus olhos e o seu brilho começa a diminuir gradativamente, mostrando para O Grande Sábio, qual é a sua escolha e a sua grande fraqueza interior.)

O Grande Sábio:
— O mundo real é muito mais cruel do que você possa imaginar Solar!
— E escolhas difíceis podem estar por vir no futuro!
— E você terá que escolher entre...
— Matar ou morrer!

Solar:
— Então Mestre...
— Eu prefiro...
— Morrer!

(O Grande Sábio ao ouvir a resposta ríspida e sombria do seu pequeno discípulo, se enfurece e inibi totalmente a sua transformação, parando imediatamente de levitar e colocando novamente os pés sobre a neve no chão, tudo porque Solar o respondeu com frieza, firmeza, sem se quer hesitar confirmando a sua escolha. E então, O Grande Sábio começa a caminhar em direção ao Solar, que agora está cabisbaixo com as suas lágrimas caindo e congelando antes mesmo que pudessem tocar o chão, enquanto a neve começa a se acumular sobre os seus ombros e sobre a sua cabeça.)

O Grande Sábio:
— Já que você prefere morrer...
— Então, que assim seja!

(Solar então fecha os olhos, pronto para se entregar a morte, ciente de que jamais venceria o seu Mestre em um combate direto e mesmo se vencesse, não teria coragem suficiente para mata-lo e assim ele se entrega, como uma ovelha se entrega no matadouro. O Grande Sábio por sua vez, se aproxima caminhando cada vez mais rápido e falando em tom alto e rude completamente enfurecido, com a sua mão direita emitindo um alto brilho vermelho.)

O Grande Sábio:
— Essa é a grande fraqueza de todo coração Solar!
— O Amor!
— Ele é a arma mais perigosa contra princípios e ideais!

— Com ele você se torna fraco!
— Com ele você se torna inútil!
— Com ele você se torna desprezível!

— E por ele você...
— Hesita!
— E morre!

— Eu treinei você por todo esse tempo com apenas um objetivo!
— Deixar você mais forte contra o amor!
— Para que quando fosse necessário você tomar decisões difíceis, você pudesse executa-las sem hesitar!
— E sem usar os seus sentimentos para justificar os seus atos!
— Mas vejo que tudo foi tudo em vão!

— Chegou a hora de acabar com todo o seu sofrimento e com toda a sua fraqueza!
— Mas, fique sabendo que muitos morreram por causa dessa sua escolha!

— Mas antes eu por um fim nisso agora...
— Do que você se tornar uma decepção maior no futuro!

— Pois...
— Quem abaixa a cabeça para o inimigo Solar, acaba perdendo a cabeça!
— Mesmo que esse inimigo seja quem você mais ama!

— A morte é...
— Inevitável!

(O Grande Sábio fica frente a frente com o Solar que ainda permanece de cabeça baixa chorando e se entregando a morte, com o seu coração acelerado. E então O Grande Sábio levanta a sua mão direita sobre a cabeça do jovem garoto, que se prepara para receber um golpe fatal e final.)

Pensamndo Do Solar:
"— Eu..."
"— Falhei..."
"— Me perdoe vóvó..."
"— Me perdoe moradores da Ilha..."

"— Eu sou..."
"— Fraco demais para..."
"— Protegê-los!"

(Solar então sente a mão d'O Grande Sábio pesando sobre a sua cabeça.)

O Grande Sábio:
— Parabéns Solar você foi aprovado!
— E assim concluímos o seu último dia de treinamento, pois você já está muito mais do que pronto!

(Solar ao ouvir essas palavras se surpreende sem entender o que está acontecendo. As ameaças do seu Mestre pareciam tão verdadeiras, que ele acreditou que realmente morreria por suas mãos. Ele então levanta a sua cabeça rapidamente e olha para O Grande Sábio que sorrir para ele graciosamente.)

Solar:
— O que?
— Mas...
— Eu não vou te matar Mestre!

O Grande Sábio:
— Eu sei que não meu grande pupilo!

(Solar arregá-la os olhos confuso.)

Solar:
— Mas, o Senhor disse que atacaria a Ilha se eu não te matasse.
— E eu jamais faria isso!

O Grande Sábio:
— E eu também Solar.
— Assim como você...
— Eu jamais faria isso com você e a Ilha!

Solar:
— Mas...
— Por que o Senhor pediu que eu lhe matasse?
— Por que o Senhor me ameaçou dessa forma rude?

(Os olhos do Solar se afogam em lágrimas, que se congelam no ar e caem no chão.)

O Grande Sábio:
— Como eu havia dito meu aluno...
— O mundo real é muito mais cruel do que você possa imaginar!
— Mas...

— Mesmo com toda essa crueldade que existe no mundo Solar...
— Eu vejo que ainda existe pessoas e galácticos como eu e você, que sabem como interromper o ciclo do ódio, usando simplesmente o sentimento mais poderoso de todos!

— O "Amor!"
— Você acaba de me provar isso!

(O Grande Sábio se aproximou do jovem garoto, na esperança de consolá-lo diante da grande tristeza e da grande fraqueza de todos os corações que se chama o: "Amor." Ele apenas usou as suas palavras de forma rude, para ter a certeza de que diante do medo da morte, enquanto ele se aproximava, Solar não hesitaria mudando de ideia. E assim, ele provou para o seu grande Mestre, que realmente possui um grande coração e que mesmo diante da morte, o seu amor sempre falaria mais alto e jamais falharia.)

Solar:
— O Amor?
— O Ciclo do ódio?
— Como assim Mestre?
— O que Senhor quer dizer com tudo isso?

(O Grande Sábio coloca a mão sobre a cabeça do Solar, bagunçando os seus cabelos loiros e removendo deles toda a neve que se acumulava.)

O Grande Sábio:
— Vou te explicar meu púpilo!

— Se você decidisse me matar Solar para tentar me impedir de fazer o que eu disse que iria fazer...
— Você estaria alimentando o ciclo do ódio e esse ciclo do ódio nunca teria fim e causaria mais ódio.

— Você estaria usando a raiva, a vingança e o ódio para satisfazer a sua própria vontade, prevenindo assim a sua própria dor.
— Mas, não teria empatia o suficiente para sentir a minha dor ou entender os meus motivos.

— Fora que também, você não sentiria a dor de alguém que me ama, ao saber da noticia minha morte!
— E um dia talvez, essa pessoa que me ama, poderia decidir vingar a minha morte por amor também, matando você futuramente e assim dando início e a continuidade ao grande ciclo do ódio.
— Que nunca teria fim!

— Compreende aonde eu quero chegar?

Solar:
— Estou entendo Mestre...

(Solar olha para o seu Mestre entristecido.)

O Grande Sábio:
— O que quero dizer é que...

— A morte...
— Não é a resposta para a vida!

— Matar ou morrer...
— Nunca serão as únicas escolhas ou as únicas opções!

— Há outros caminhos que podemos trilhar além desses dois!
— Ainda mais quando envolve as pessoas que amamos!

— Pois, tirar a vida de alguém, para proteger alguém que você ama...
— Além de te tornar um assassino!
— Te torna também um tolo e hipócrita!

— Pois essa pessoa que perdeu a vida, com toda a certeza, também tinha pessoas que a amavam!
— E mesmo que para você essas pessoas não tivesse importância, elas poderiam vir e vingar a morte da pessoa que você matou, tirando assim a sua vida.

— E então a pessoa que você protegeu matando alguém por ela, por amor primeiramente...
— Também vingaria a sua morte, mas também perderia a sua vida por vingança, justificada também pelo o amor de outra pessoa!

— Tornando a sua primeira ação por amor, totalmente em vão e desnecessária!

— Criando assim o ciclo do ódio!
— E te tornando um assassino em série, tolo e hipócrita como

eu havia dito!

— E assim você seria o culpado por muitas mortes por vingança!
— Que poderiam ter sido evitadas apenas usando a misericórdia e o perdão!

(Solar fica impressionado com a grande sabedoria d'O Grande Sábio, diante de um grande conflito moral e ético, e mesmo ainda sendo uma jovem criança, ele consegue compreender completamente todas as palavras de ensinamento, que o seu velho Mestre está dizendo.)

Solar:
— Eu nunca havia pensado dessa forma Mestre!
— Que uma única escolha minha, poderia por em jogo a vida de muitas outras pessoas!

O Grande Sábio:
— Exatamente Solar.
— As nossas escolhas hoje influenciam completamente o nosso futuro amanhã!
— Mas, com o Amor e a Sabedoria...
— Usada juntas com boas ações, escolhas e atitudes...

— Podemos prever e prevenir grandes conflitos e também...
— Grandes guerras!

Solar:
— Grandes guerras Mestre?

O Grande Sábio:
— Sim meu púpilo.
— Infelizmente...
— Grandes guerras estão por vir...

— Mas, como eu disse e volto a repetir...
— Com o Amor e a Sabedoria...
— Usada juntas com boas ações, escolhas e atitudes...

— Você pode prever e preveni-las.
— E talvez assim, conseguir...
— Vencê-las!

(Os olhos do Solar brilham de esperança.)

O Grande Sábio:
— O seu destino, é usar o seu poder para o bem, para contribuir com o universo e a natureza Solar.
— Então...
— Fuja do ciclo do ódio e nunca use o seu poder para o mal...
— Pois hoje para você, ele pode ser luz, mas amanhã...
— Mas amanhã...
— Ele poderá se tornar trevas!

(O Grande Sábio olha para o céu e o sol que permanece escondido dentre as nuvens, começa a se pôr e a escuridão começa a tomar conta da terra e de toda a Ilha. Solar imediatamente olha também.)

O Grande Sábio:
— Assim como podemos ver nos céus, Solar...

— A luz brilhando e indo embora com o Sol...
— Podemos ver também a escuridão tomando conta de tudo!

— E essa será a sua grande escolha de vida...

— Ser a luz e o bem para o mundo...
— Ou ser as trevas e a escuridão!

(Uma brisa gelada toca o rosto d'O Grande Sábio e do Solar, lhe causando calafrios.)

Solar:
— Entendo Mestre!
— Perfeitamente!
— Conte comigo pois eu prometo que...
— Eu serei a luz e o bem para o mundo!

— E eu vou proteger a todos os moradores da Ilha custe o que custar e vou lutar pelo o bem!

— Eu vou com todo o meu poder e a minha força contra o mal e o ciclo do ódio, para proteger quem eu amo!

— E nunca...

— Ou melhor...

— Jamais...

— Eu matarei alguém!

O Grande Sábio:

— Entendi Solar....

— Mas tome cuidado!

— Tome muito cuidado!

Solar:

— Mas...

— Por que Mestre?

O Grande Sábio:

— Porque:

"— O mal é relativo de acordo com o observador, Solar."

Solar:

— Mas...

— Como assim Grande Sábio?

— O que o Senhor quer dizer com isso?

O Grande Sábio:

— Somente guarde essa frase!

"— O mal é relativo de acordo com o observador, Solar."

"— Então, seja a luz na escuridão!"

Solar:

— O mal é releativo de acordo com o observador?

— Ser a luz na...

— Escuridão?

(Solar olha confuso para O Grande Sábio.)

O Grande Sábio:
— Um dia você vai compreender Solar...
— Pois o tempo é o próprio sentido!
— E assim você encontrará o equilíbrio!

— O equilíbrio entre o bem e o mal!
— Pois...

"— Somente o equilíbrio entre a razão e o coração..."
"— Poderá te mostrar..."
"— O caminho, a verdade e a vida!"

(Enquanto O Grande Sábio fala sobre o equilíbrio, ele abre as duas mãos simbolizando uma balança entre o bem e o mal. Ao falar da razão ele aponta para o seu cérebro em sua cabeça e ao falar do coração, ele aponta para o seu coração em seu peito.)

O Grande Sábio:
— O equilíbrio!
— É o que buscamos!
— O equilíbrio, é o que você deve buscar!

— Então, apenas guarde todas essas palavras com você!
— Dentro da sua mente e dentro do seu coração!
— Porque um dia, no futuro...
— Todas elas lhe faram sentido!

(Solar atento a tudo o que o seu Mestre lhe diz, olha no fundo dos seus olhos e lhe faz uma grande promessa.)

Solar:
— Sim meu grande Mestre!

(Solar então com a sua mão esquerda, retira uma pequena adaga de metal, que estava escondida em sua cintura e a enfia em sua mão direita atravessando imediatamente a sua marca, que brilha perfurada esguichando sangue vermelho sobre a neve. Ele então retira a adaga que sai com muita dor e dificuldade, e estende a sua mão direita para O Grande Sábio, mostrando assim para ele o furo do corte que o atravessou. E com esse gesto de honra e fidelidade, Solar firma assim a sua grande promessa, usando a mais famosa e lendária "Marca De Sangue." Que é um pacto de sangue galáctico, selado e inquebrável. Ela é feita como um ato de juramento e de honra, e é mais utilizada por poderosos galácticos da alta realeza e nobreza, para provar assim a sua fidelidade com as suas promessas, palavras e juramentos.)

O Grande Sábio:
— Solar...
— Nãooooooooooooooooo!
— Isso pode ser fatal!

(O sangue do corte profundo que atravessou a mão direita do jovem Solar, escorre pelo o seu braço, enquanto ele permanece com a sua marca levantada, iniciando assim o seu honroso juramento para com o seu Mestre.)

Solar:
— Eu com a minha "Marca De Sangue" aberta e exposta diante dos seus olhos!

— Prometo que guardarei todas as suas palavras de sabedoria!
— Dentro da minha mente!
— E dentro do meu coração!
— E assim eu serei a luz na escuridão!

— Eu selo esse pacto de sangue Galáctico, com a minha marca e o meu sangue!
— Selando essa aliança, fechando e abrindo a minha mão direita!
— Com a minha "Marca De Sangue" Regenerada!
— Diante dos seus olhos!

(Solar então fecha a sua marca com força, enquanto O Grande

Sábio o observa com o seu velho coração acelerado na mão, pele arrepiada e com calafrios dentro de sua alma, morrendo de medo da morte precoce do jovem garoto. Tudo porque muitos Galácticos durante milhares e milhares de Anos-Luz, já morreram e ainda morrem, ao tentar utilizar a "Marca De Sangue" como juramento mortal. Justamente porque o ato de perfurar a sua própria marca, que é a fonte de energia e a fonte da vida de um Galáctico, pode ser fatal e mortal, se tornando irreversível, caso a sua marca não consiga usar o poder de regeneração a tempo, durante a execução. Causando assim, a sua própria morte súbita e trágica, durante o ato do mais honrado, valioso e perigoso, desse pacto de sangue, que é a gloriosa: "Marca De Sangue".)

O Grande Sábio:
— Você...
— Não precisava fazer isso Solar!
— Pois isso pode, custar a sua vida!

Solar:
— Eu tenho que tentar Mestre!

(Solar permanece com a sua marca fechada, sentindo uma dor profunda na qual nunca havia sentido antes, mas mesmo assim, ele permanece olhando fixamente para O Grande Sábio durante o seu juramento mortal e então ele abre a sua marca diante do seu grande Mestre.)

O Grande Sábio:
— Solar!
— Você...
— Você...

(Os olhos d'O Grande Sábio se enchem de lágrimas.)

O Grande Sábio:
— Você...
— Conseguiu!

Solar:
— Eu...
— Consegui?

O Grande Sábio:
— A sua marca Solar!
— Ela está se regenerando!

(Os olhos do Solar também se enchem de lágrimas.)

O Grande Sábio:
— Você...
— Conseguiu!
— Você sobreviveu a "Marca De Sangue!

(Solar então olha para a sua mão direita e vê a sua marca se regenerando em alta velocidade, com o furo causado pela a sua adaga praticamente fechado, como se os próprios fótons de luz, costurassem célula por célula. E mesmo sentindo uma dor extrema, aguda e de alta intensidade, como se tivessem esfaqueado o seu coração diversas vezes, ele começa a sorrir alegremente e emocionado.)

O Grande Sábio:
— Comemore Solar, meu grande pupilo!
— Você sobreviveu!

— Você sobreviveu a "Marca De Sangue!
— E também foi aprovado!
— Agora você está pronto para desbravar e proteger o mundo com todo o seu poder!

(Solar abraça O Grande Sábio rapidamente e começa a Chorar soluçando e emocionado.)

Solar:
— Muito obrigado O Grande Sábio por me ensinar tudo o que eu sei!

— Muito obrigado por acreditar em mim...
— Muito obrigado por ter paciência comigo...
— Muito obrigado!
— Muito obrigado!

— O Senhor foi como pai para mim durante todo esse tempo!
— Eu não tenho palavras para agradecer todos os seus ensinamentos de sabedoria!
— Muito obrigado do fundo da minha alma...
— E do fundo do meu coração!

O Grande Sábio:
— Eu que agradeço Solar, foi um prazer treinar você.

(Cai muitas lágrimas de emoção dos olhos d'O Grande Sábio mas eles as limpa antes que Solar possa ver.)

Pensamento do Grande Sábio:
"— Ele é muito melhor e muito mais forte do que Eu imaginava, foi difícil mas eu acho que dessa vez eu consegui cumprir com a minha parte do plano, talvez agora no futuro seja tudo diferente!"

(A neve continua caindo sobre a Ilha, enquanto a despedida emocionante entre Mestre e Aluno está prestes a findar.)

O Grande Sábio:
— É hora de eu ir embora Solar...
— Já está ficando tarde!

— Até mais meu grande pupilo...
— E nunca se esqueça que:

*"— **O mal é relativo de acordo com o observador.**"*
*"— **Então, seja a luz na escuridão!**"*

Solar:
— Sim Mestre.
— Pode deixar...
— Eu cumprirei a minha promessa!

— E irei levar todos os seus ensinamentos comigo, no fundo da minha mente e no fundo do meu coração por onde quer que eu andar!

(O Grande Sábio sorrir e vira-se de costas para o Solar e começa a caminhar em sentido contrario.)

O Grande Sábio:
— Agora...
— É hora deu ir...
— Adeus...
— Solar...

(O Grande Sábio de costas acena emocionado e continua caminhando sobre a neve.)

Solar:
— Quando eu vou poder te ver novamente Mestre?

(Solar olha triste para o seu Mestre devido a dor da sua despedida.)

O Grande Sábio:
— Um dia Solar...
— Um...
— Dia...

Solar:
— Mas...
— Se passar muito tempo...
— Como eu saberei que é você?

O Grande Sábio:
— Você saberá Solar...
— No fundo no fundo você saberá!

— Mas...
— Para que você saiba e tenha certeza de que sou eu...
— Lembra-se que...

— Eu sou...
— Cego!

(O Grande Sábio levanta a sua mão direita e o seu cajado de madeira que estava encoberto abaixo da neve, a uma média distância longe deles, começa então a tremer, vibrando intensamente e em seguida ele voa imediatamente para a mão d'O Grande Sábio, surpreendendo imediatamente Solar.)

Solar:
— O QUE???
— O SENHOR É CEGO???
— MAS COMO???

— ESSE TEMPO TODO EU TINHA CERTEZA DE QUE O SENHOR ENXERGAVA!
— COMO QUE O SENHOR ME TREINOU, LUTOU COMIGO, FALOU COM PESSOAS E FEZ COISAS PRATICAMENTE IMPOSSÍVEIS???

— SENDO CEGO???
— COMO O SENHOR FEZ TUDO AQUILO???
— COMO O GRANDE SÁBIO???

(O Grande Sábio ainda de costas, sorrir e caminha com a ajuda do seu cajado, enquanto as suas pegadas marcam o seu caminho sobre a neve e o Solar o olha se distanciando aos poucos na escuridão noturna.)

O Grande Sábio:
— A resposta Solar, está no tempo!
— Somente ele lhe trará todas as resposta que você busca!

— E agora...
— O meu tempo com você infelizmente...
— Acabou...
— Então...
— Até mais Solar!

— Foi um prazer te ver de novo meu querido...

(O Grande Sábio respira fundo antes de concluir o que iria dizer.)

O Grande Sábio:
— Aluno!
— Foi um prazer!

Solar:
— MAS...
— O GRANDE SÁBIO???
— O GRANDE SÁBIO???
— QUAL É O SEU NO...

(E então surge um pequeno círculo de luz brilhante sobre a neve e O Grande Sábio desaparece instantaneamente nele em seu grande brilho no meio da escuridão.)

Solar:
— Nome...

(Solar começa a chorar em silêncio, pois uma tristeza inconsciente tomou conta da sua mente ao ver o seu velho Mestre partindo.)

Pensamento Do Solar:
"— Ele já se foi..."
"— E eu nem ao menos sei, o seu nome..."
"— Eu..."
"— Vou sentir saudades!"

"— Meu Mestre..."
"— Meu Grande Mestre!"

"— Sábio, Poderoso e..."
"— Cego!"

"— Como eu nunca enxerguei isso?"

(A escuridão e a neve tomam conta da Ilha, enquanto Solar que estava parado começar a caminha em direção a sua casa que fica ao sul da Ilha. Ele respira fundo com o seu jovem coração acelerado e com lágrimas caindo dos seus olhos. Tudo porque ele já está com saudades do seu velho Mestre, que acabou de partir, sem ao menos falar o seu nome.)

(Alguns minutos de caminhada depois...)

Pensamento Do Solar:
"— Em fim..."
"— Estou perto de casa!"

(Solar então caminha sobre algumas ruas largas feitas de barro vermelho batido, que agora estão encobertas por uma grande quantidade de neve, mas foram criadas no meio da grande floresta da Ilha e alinhadas com pedras por longos caminhos que rodeiam a grande montanha levando os moradores para todos os lados e direções. Nas laterais das ruas existem grandes e pequenas casas, cabanas e tabernas, espalhadas por todos os lados, que antes da neve, estavam cobertas pela a magnifica vegetação e pela a grande quantidades das abundantes árvores e trepadeiras primavera, que perderam recentemente as suas folhas no decorrer da troca de estação. Todas as casas, cabanas e tabernas, são feitas com madeiras e também com pedras, formando assim o grande vilarejo de Planetas Errantes do Sul, que junto com os vilarejos de Planetas Errantes do norte, leste e oeste formam a incrível e tropical Ilha, onde é o lar dos refugiados e sobreviventes da Lei Ant-Matéria.)

Pensamento Do Solar:
"— Eu não vejo a hora de tirar essas roupas sujas e tomar um belo de um banho quente, esquentado pela minha própria marca do sol!"
"— Hum..."
"— Ser uma Estrela até que tem seus benefícios!"

"— Depois que eu aprendi a usa-la de forma mais eficiente..."
"— Eu quase não dependo de fogo para nada, pois a minha marca supre quase todas as minhas necessidades!"
"— E isso tudo graças ao O Grande Sábio!"

(Solar sorri pensando consigo mesmo e a sua barriga ronca, enquanto ele anda na escuridão da Ilha com a sua marca acesa iluminando o seu caminho.)

Pensamento Do Solar:
"— A marca me ajuda com quase tudo..."
"— Menos com a fome!"
"— Mas se ela ajudasse seria ótimo..."
"— Ai já é pedir demais não é mesmo?"
"— Riso."

"— Calma barriguinha!"
"— Já estamos quase chegando!"
"— Em breve comeremos um belo de um ensopado de peixe feito pela a..."

(Solar então olha para o horizonte, em direção a pequena colina ao sul onde fica a sua casa e os seus olhos se acendem ao ver uma grande chama ardente com cinzas subindo com muita fumaça em direção aos céus. O seu coração então dispara e imediatamente ele age sem pensar duas vezes.)

(Raio De Luz.)

Pensamento Do Solar:
"— NÃO PODE SER!"
"— ESSA É..."
"— A MINHA CASA E A DA MINHA..."

(Assim que os olhos do Solar se acenderam, refletindo as chamas do fogo, ele imediatamente usou o seu poder para se locomover na velocidade da luz, aparecendo instantâneamente na frente da sua própria casa e se deparando

com a terrível cena dela queimando e ardendo em chamas.
Diversos Planetas Errantes de todas as idades curiosos com
o que está acontecendo, começam a se acumular ao redor da
casa, vestindo os seus grandes casacos de pele de urso que os
protege contra a neve.)

Solar:
— VOVÓÓÓÓÓÓÓÓÓÓÓÓÓÓÓÓÓÓÓÓÓÓÓÓÓÓÓÓ!

(Todos olham para o jovem Solar preocupados, o reconhecendo
como um bom vizinho, sendo também um dos moradores da
pequena casa que agora arde em chamas. Eles ao verem Solar a
frente da casa, comentam entre si sobre o que estão vendo, com
as chamas do fogo, também refletindo em seus olhos.)

Planetas Errante:
— Aquele garoto era o filho dela?

Planetas Errante:
— Não, até onde eu sei, ele a chamava de vó!

Planetas Errante:
— Mas, como ela era a avó dele?
— Olhe para a sua mão brilhando, ele é uma Estrela?!
— Ela não era uma Planeta Errante também como nós?

Planeta Errante:
— Até onde sabemos sim!

Planeta Errante:
— Então, ela deve ter adotado ele!

Planeta Errante:
— Ele é o mesmo garoto que nós ajudou ontem!
— Ele estava carregando todas as árvores sozinho e
distribuindo por toda a Ilha para fazermos lenha!

Planeta Errante:
— É mesmo!

— É ele!

Planeta Errante:
— Coitadinho!

(Uma pequena criança, puxa as roupas chamando atenção da sua mãe.)

Planeta Errante:
— Mamãe?
— Mamãe?
— O que é aquilo preto brotando de dentro da neve?

(Todos os Planetas Errantes olham para a neve.)

Planeta Errante:
— Filha!
— Eu não sei não!

Planeta Errante:
— Olhem!
— Está saindo da neve por todos os lados!

(Um Planeta Errante se aproxima de um dos brotos sobre a neve e o olha bem de perto.)

Planeta Errante:
— Parecem, rosas!

Planeta Errante:
— Mas rosas pretas???

(Os Planetas Errantes andam para trás com medo do que estão vendo.)

Planeta Errante:
— Eu nunca vi nada igual!
— Isso deve ser um mal presságio!

(Solar olha para a multidão.)

Solar:
— VOVÓÓÓÓÓÓÓÓÓÓÓÓÓÓÓÓÓÓÓÓÓÓÓÓÓÓÓ!

(Solar então grita a sua avó pela segunda vez esperando que
ela saia da multidão, ao perceber que ela não saiu, ele começa
a correr chorando em direção a entrada da casa que arde em
chamas, na esperança de tentar resgatá-la nesse momento de
desespero. E quando ele está preste a entrar, é imediatamente
surpreendido por uma voz masculina e também por um
grande brilho amarelo como o sol, que sai do meio das chamas
de dentro da casa, com algo arredondado em suas mãos.)

Estrela Nêmeses:
— Eu sinto muito Solar...
— Mas...
— Chegamos tarde demais!

(A população inteira entra em pânico ao verem de longe algo
perturbador. Muitas mulheres e crianças começam a chorar,
algumas pessoas tampam os olhos dos seus filhos assustados,
ao olharem para as mãos da Estrela Nêmeses, que acaba de
sair intacta do fogo e das chamas, segurando algo tenebroso
e horripilante. Todo esse pânico se espalhou imediatamente,
porque todos acabam de ver, sobre a mão da Estrela Nêmeses, a
cabeça da Avó do Solar decapitada e escorrendo sangue fresco.
Ela está sem os dois olhos e com a sua boca aberta, mostrando
para todos que também está, sem a sua, língua.)

Solar:
— Vó...
— Vó?

(Solar cai de joelhos paralisado e traumatizado, olhando para a
cabeça da sua avó decepada e pingando sangue pelo o pescoço,
sem pescoço, pelos os olhos, sem olhos e pela a boca, sem a
língua.)

Estrela Nêmeses:
— Assim que eu vi as chamas.
— Eu vim imediatamente para ver se estava tudo bem com você e com as sua Avó Solar.
— Mas, infelizmente eu cheguei tarde demais.
— E tudo já havia acontecido!

— Isso foi a única coisa que eu conseguir salvar...
— Pois o resto, ele já havia consumido com o seu fogo!

(A Estrela Nêmeses se aproxima lentamente, se abaixa e coloca a cabeça da avó do Solar frente a frente com ele, sobre a neve e ele a olha ainda de joelhos, enquanto a pequena casa desaba atrás deles a uma curta distância, com as chamas e a fumaça com as cinzas subindo para os céus da Ilha.)

Solar:
— Sr. Padeiro...
— Quem foi que...
— Fez isso?

(A Estrela Nêmeses olha nos olhos do Solar, que chora incessantemente e amargamente. E após a Estrela Nêmeses respirar fundo, ele responde tristemente para o jovem garoto.)

Estrela Nêmeses:
— O Grande Sábio!

(Na mesma hora em que a Estrela Nêmeses faz essa seria afirmação, Solar se recorda de momentos antes, durante o seu último treinamento com O Grande Sábio.)

"Lembranças Do Solar:"

O Grande Sábio:
— Eu vou atacar a Ilha e matar a sangue frio todos os moradores dela!

— *Assassinarei inocentes, desde idosos até as crianças de forma cruel!*
—*Incluindo todas as pessoas que você mais ama!*

—*Começando pela a sua...*
—*Avó!*

— *Eu a matarei cortando a sua cabeça, arrancando os seus dois olhos e a sua língua e depois...*
—*Queimarei a sua casa junto com o seu corpo!*
—*Mas, não queimarei a sua cabeça...*
—*Tudo para que você saiba e tenha certeza de que...*
—*Foi eu!*

Solar:
—O Grande...
—Sábio???

"*Lembranças Do Solar:*"

O Grande Sábio:
— *O mundo real é muito mais cruel do que você possa imaginar Solar!*
—*E escolhas difíceis podem estar por vir no futuro!*
—*E você terá que escolher entre...*
—*Matar ou morrer!*

Solar:
—O Grande...
—Sábio???

(Pensamentos e lembranças invadem instantaneamente a mente do Solar, enquanto o seu coração dispara novamente, acelerando mais do que a velocidade da luz. E então ele cai com o seu rosto sobre a neve no chão e com as mãos sobre o peito esquerdo, onde bate rapidamente e incessantemente, o seu jovem e triste coração.)

"Lembranças Do Solar:"

Solar:
— Eu com a minha "Marca De Sangue" aberta e exposta diante dos seus olhos!

— Prometo que guardarei todas as suas palavras de sabedoria!
— Dentro da minha mente!
— E dentro do meu coração!
— E assim eu serei a luz na escuridão!

— Eu selo esse pacto de sangue Galáctico, com a minha marca e o meu sangue!
— Selando essa aliança, fechando e abrindo a minha mão direita!
— Com a minha "Marca De Sangue" Regenerada!
— Diante dos seus olhos!

Solar:
— O Grande...
— Sáb...

(As vistas do Solar escurecem e ele apaga, desmaiando sobre o frio congelante da neve e diante das chamas no calor da escuridão.)

Estrela Nêmeses:
— Solaaaaaaaaaaaaaaaaaaaaaaaaaaaaaaaaaaaar!

No mesmo dia em que a sua avó morreu na Ilha, assassinada de forma cruel e brutal, Solar finalmente amadureceu e enxergou a realidade do mundo mas também, enlouqueceu. Tudo porque isso foi um grande trauma para o jovem garoto, que teve essa triste surpresa assim que chegou em casa, após um longo dia de treinamento com o seu velho e misterioso Mestre.

Após essa terrível tragédia, Solar passou a mendigar na Ilha ficando aparentemente, irreconhecível e a sua fé, a sua esperança, e as suas convicções, morreram e a luz da sua marca também se apagou. Assim como a lua cobre o sol, em um eclipse solar total, o impedindo de brilhar sobre a terra, transformando aquilo que era dia, em noite e escuridão, Solar também perdeu o seu brilho, caindo em um Buraco Negro de uma profunda, angustiante e aterrorizante: **DEPRESSÃO**.

O impacto emocional da morte dela foi tão grande na mente do jovem garoto, que as palavras do seu grande Mestre começaram a atormentá-lo como uma maldição, dia após dia e noite após noite. O deixando incapacitado mentalmente e com a sua insanidade mental em níveis catastróficos, mesmo ainda com cada palavra que havia sido dita pelo o seu Grande Mestre, fazendo total sentido, provando assim para o Solar que realmente:

"— O mundo real é muito mais cruel do que ele podia imaginar!"

E com esse trauma, Solar então descobriu
que nada, absolutamente nada, supera a dor
da morte, do amor e da traição.

Mas, ainda existe uma grande dúvida que não quer calar:

"Bem ou Mal?"

"Luz ou Trevas?"

O que será que o Solar irá escolher?

"Misericórdia ou Vingança?"

"Lembranças Do Solar:"

Solar:
— Eu com a minha "Marca De Sangue" aberta e exposta diante dos seus olhos!

— Prometo que guardarei todas as suas palavras de sabedoria!
— Dentro da minha mente!
— E dentro do meu coração!
— E assim eu serei a luz na escuridão!

— Eu selo esse pacto de sangue Galáctico, com a minha marca e o meu sangue!
— Selando essa aliança, fechando e abrindo a minha mão direita!
— Com a minha "Marca De Sangue" Regenerada!
— Diante dos seus olhos!

(40 mil Anos-Luz Depois...)

PARTE 3

O Paradoxo Do Sol: As Estrelas, A Árvore Genealógica Galáctica e a Lei Ant-Matéria.
Localização: Ilha Do Sol.
Ano: 1.050.000 Anos-Luz.
Período: Nascer Do Sol.
Clima: Quente.

(O Rei Solar flutua sobre a gravidade, no centro do céu da Ilha Do Sol, olhando para o horizonte e esperando o majestoso nascer do Sol, que breve surgira diante dos seus olhos. Ele usa uma grande túnica vermelha e dourada, feita com pele de cordeiro, seda e algodão, costurada também com os mais nobres e preciosos fios de ouro. O seu corpo forte, robusto e resistente, se assemelha a de um Urso Polar Galáctico, já a sua beleza selvagem e a sua formosura feroz, é semelhante a de um Galáctico Leão. Os seus cabelos longos e loiros, possuem duas longas tranças laterais, que se encontram entrelaçadas por um ramo de trigo, que está amarrando-as atrás de sua cabeça, possuindo também sobre ela, uma majestosa e gloriosa coroa, digna de uma magnífica, poderosa e celestial, Estrela Rei.)

Rei Solar:
— O Paradoxo Do Sol:
— Estrelas!

(O Rei Solar começa a vibrar as suas cordas vocais sobre os céus, emitindo um som grave, calmo e sereno, no qual somente ele é capaz de escutar. Falando consigo mesmo, reflexões, vindas do fundo da sua própria alma, enquanto aguarda o grandioso e soberano, Nascer Do Sol.)

Rei Solar:
— As Estrelas são objetos astronômicos de imensa importância para o Universo, para o Cosmos e para a Vida.

— *Uma Estrela, é uma colossal esfera de plasma autossustentável, que é altamente aquecida emitindo luz e calor, cuja energia é gerada por inúmeras reações nucleares em seu núcleo.*

— *Essencialmente, uma estrela é um equilíbrio delicado entre a força gravitacional, que tende a colapsar a Estrela sob sua própria massa, e as pressões geradas pelas reações nucleares em seu interior, que buscam expandi-la.*

— *O processo central de uma Estrela é a fusão nuclear, onde átomos de hidrogênio se combinam para formar hélio, liberando quantidades super massivas de calor e energia.*

— *A pressão e a temperatura no núcleo estelar, são suficientes para sustentar essas reações, equilibrando as forças gravitacionais que buscam continuamente comprimir a Estrela no seu interior.*

— *Durante a fase de sequência principal, que é a fase mais longa da vida de uma Estrela, ela vai consumindo o seu próprio hidrogênio dentro do seu núcleo, formando assim o elemento químico que chamamos de hélio, fazendo com que seja mantida a estabilidade da Estrela, por bilhões e bilhões de Anos.*

— *O ciclo inicial de vida de uma Estrela, começa em grandes nuvens de gás e poeira cósmica interestelar, onde a super gravidade age para formar aglomerados densos conhecidos como, **Nebulosas**.*

— *À medida em que as **Nebulosas** se contraem, ocorrem fusões nucleares no seu núcleo, principalmente de hidrogênio, gerando enormes quantidades de energia na forma de luz e calor.*

— *Este processo libera uma força oposta à gravidade, criando um equilíbrio perfeito e dinâmico que define o estado estável de uma Estrela.*

— *A quantidade de energia produzida, dependerá da quantidade da nuvem de gás e poeira cósmicas das **Nebulosa**, durante a formação da massa das Estrelas, sendo as Estrelas mais massivas* *capazes de gerar muito mais energia a taxas de fusão nuclear mais absurdamente elevadas.*

— No entanto...
— Existe um porém...

— Quando o hidrogênio se esgota, as Estrelas são capazes de evoluir para diferentes estágios, como Estrelas: Super Gigantes Azuis, Super Gigantes Vermelhas, Gigantes azuis, Gigantes Vermelhas, Anãs Brancas, Anãs marrons, Anãs Amarelas como o nosso sol, Supernovas, Estrelas de Nêutrons ou até mesmo Buracos Negros, dentre outras!

— Tudo dependerá da sua massa inicial!

— A incrível diversidade de características observadas em Estrelas, como cores, tamanhos e temperaturas diferentes, decorre das várias etapas de sua evolução.

— Além disso, as Estrelas contribuem significativamente para a formação de elementos químicos mais pesados, que acontecem durante a sua fusão nuclear.

*— Esses elementos mais pesados são sintetizados, enriquecendo o meio interestelar e possibilitando a formação de um disco protoplanetário, que é composto de gás estelar, poeira estelar e outros materiais, que são os resíduos das **Nebulosas** a partir da qual, a Estrela se formou.*

— Sendo através desses discos protoplanetários, que acontecem a formação de inúmeros planetas, assim como aconteceu em nosso sistema solar!

*— Após a **Nebulosa Solar** colapsar sobre a gravidade, formando assim a nossa Estrela Sol em um disco giratório...*
— Ela produziu também um disco protoplanetário ao redor do Sol...
— Permitindo assim a formação do nosso sistema solar planetário, que inclui também a nossa esplêndida, exuberante e magnífica...

— *Terra!*

(O Rei Solar respira fundo.)

Rei Solar:
— *As Estrelas...*

— *Elas criam elementos!*
— *Elas formam planetas!*
— *Elas formam galáxias!*

— *Elas emitem radiação cósmica!*
— *Elas influenciam a gravidade!*
— *Elas moldam as estruturas do Espaço-Tempo!*

— *Elas semeiam matéria interestelar!*
— *Elas consomem matéria interestelar!*

— *Elas constroem!*
— *Elas destroem!*

— *E o mais importante...*

— *Elas são fundamentais e essenciais...*
— *Para todo universo!*
— *Para todo cosmos!*
— *E também...*
— *Para toda a vida!*

— *Pois elas são as responsáveis pela a produção de luz e calor!*
— *Brilhando, iluminando e aquecendo!*
— *Toda realidade, toda existência!*
— *Toda a criação e toda criatura!*

— *Isso e muito mais...*
— *É o que ocorreu e ainda ocorre!*
— *É o que elas faziam e ainda fazem!*

— *Isso é...*
— *O que uma Estrela é!*

— *Durante 14 Bilhões De Anos!*

(A Estrela Sol, nasce resplandecendo no horizonte da terra e os fótons que são as suas partículas de luz, começam a entrar pela a córnea, que foca a luz, passando em seguida pelo cristalino, que ajusta o foco e depois pelo humor vítreo, que mantém a forma do globo ocular, permitindo assim a transmissão da luz, que só então, após passar por esses processos minuciosos, atingem a retina dos olhos do Rei Solar, onde os seus fotorreceptores convertem a luz em sinais elétricos, sendo enviados diretamente ao seu cérebro pelo nervo óptico, permitindo assim a esplendida e deslumbrante percepção da luz do grandioso Nascer Do Sol, ao glorioso e majestoso, Rei Solar.)

Rei Solar:
— *Mas aqui na terra...*
— *Após a colisão do mega asteroide...*
— *As coisas mudaram!*
— *Pois...*

— *As Estrelas...*
— *Não são mais, somente objetos astronômicos ou complexos corpos celestes, formados por gases que existem apenas no espaço sideral ou no cosmos!*

(As pessoas da Ilha Do Sol começam a abrir as suas janelas e também as suas portas, iniciando assim o seu dia, ao verem o nascer do sol com os seus raios solares, iluminando as suas casas, enquanto o majestoso Rei Solar, permanece flutuando sobre a gravidade dos céus, refletindo ainda consigo mesmo, sobre a grandiosidade das Estrelas e do Universo.)

Rei Solar:
— *No passado...*

— *Para alguns...*
— *Estrelas eram simples bolas de fogo amarelas, que ficavam no*

céu brilhando infinitamente e aqueciam o planeta com os seus raios solares.
— Sendo e não sendo o centro do universo!

— Para outros...
— Eram complexas esferas de plasma autogravitante, que produziam energia, como bombas nucleares naturais e eram formadas por nuvens de gazes interestelar, com grandes quantidades de energia, que queimavam o seu combustível chamado de hidrogênio, formando assim o gás hélio, durante bilhões e bilhões de anos, continuamente até chegar ao seu fim.

— Mas agora...
— Aqui na Terra...
— No presente!

*— A definição do nome **"Estrelas"** vai muito mais além, do que se pode imaginar!*

— Para nós...
— Uma Estrela...
— É uma marca!

— A marca...
— Que através das nossas Mães chamadas de...
— "Nebulosas"!
— Nos transformou em Galácticos!

(O Rei Solar olha para a sua marca do sol Estelar, lembrando de todas as dificuldades, obstáculos, conflitos, confrontos, desafios, disputas, combates, lutas, batalhas, guerras, depressões que já enfrentou e ainda enfrenta.)

Rei Solar:
— Eu...

— *Solar...*

"Lembranças Do Solar:"

Solar:
— Eu com a minha "Marca De Sangue" aberta e exposta diante dos seus olhos!

— Prometo que guardarei todas as suas palavras de sabedoria!
— Dentro da minha mente!
— E dentro do meu coração!
— E assim eu serei a luz na escuridão!

— Eu selo esse pacto de sangue Galáctico, com a minha marca e o meu sangue!
— Selando essa aliança, fechando e abrindo a minha mão direita!
— Com a minha "Marca De Sangue" Regenerada!
— Diante dos seus olhos!

(O Rei Solar respira fundo.)

Rei Solar:
— *Ou melhor...*

— *Eu...*
— *Rei Solar!*

— *O Primeiro e único Rei Da Ilha do Sol.*
— *Sou filho de uma "**Nebulosa!**"*

— *E por isso...*
— *Eu sou considerado...*
— *Um Galáctico!*

— *E todos os Galácticos que possuem a marca de uma Estrela na*

mão direita...
— São chamados de...
— Estrelas!

— Então...

— Eu...
— Rei Solar...
— Que hoje completo 50 mil Anos-Luz de idade...
— Sou uma...
— Estrela!
— Cujo a capacidade vai além da imaginação!

— Além de que...
— Eu fui escolhido pelo Universo...
— E possuo a marca da Estrela que chamamos de...
— Sol!
— E através dessa marca eu adquirir poderes astronômicos, incomparáveis e inimagináveis!

(O Rei Solar começa a subir a atmosfera terrestre, flutuando sobre a gravidade, subindo cada vez mais alto e mais rápido, enquanto ainda olha fixamente para a sua marca estelar que começa a brilhar radiantemente em sua mão direita.)

Rei Solar:
— Com essa marca nos Estrelas...
— Conseguimos criar, emitir e manipular, grandes quantidades de massa e energia...
— Conseguimos voar, correr e pensar na velocidade da luz!
— Conseguimos criar técnicas e habilidades: incríveis, espetaculares, fantásticas, extraordinárias e sensacionais!

— O tempo de vida de nós Galácticos, que possuem a marca estelar, ultrapassam a realidade dos seres humanos comuns...
— Vivendo acima dos 100 mil Anos-Luz ou mais!

— *Muito mais!*

— *Tudo porque a nossa saúde, vitalidade e a nossa capacidade de regeneração, devido a nossa grande quantidade de energia estelar são fenomenais!*

(A marca Estelar do Rei Solar, flutua sobre a sua mão direita, exatamente como a estrela Sol, flutua sobre a gravidade no vaco do espaço sideral. E assim como o Sol, ela brilha continuamente e radiantemente, rotacionando em torno do seu próprio eixo sobre a sua mão, emitindo luz e calor, emitindo radiação ultravioleta, emitindo raios x, emitindo raios gama, emitindo ventos solares e emitindo também, muita energia, glória e poder.)

Rei Solar:
— *Em nossas marcas...*
— *Assim como as estrelas que existem no universo...*
— *Ocorrem reações termonucleares, onde os átomos de hidrogênio sofrem fusões nucleares dando origem aos átomos de hélio...*
— *Bem semelhantes as que ocorrem nas estrelas do universo e do espaço sideral!*

— *E é dai, dentro das nossas mãos direitas...*
— *Dentro das nossas marcas...*
— *Nesse pequeno núcleo de energia comprimido e colapsado sob a sua própria gravidade...*
— *Que vem...*
— *O nosso sagrado, divino e grandioso poder!*

— *E como uma bomba nuclear, banhada de fogo ardente e tingida com átomos estelares, celestiais e astronômicos...*

— *Ele se espalha...*

— *Por todas as nossas moléculas!*
— *Por todas as nossas células!*
— *Por todas as nossas veias!*

— *Por todo o nosso sangue!*
— *Por todo o nosso corpo...*
— *E por todo o nosso ser!*

— *E assim ...*
— *Com esse sagrado poder...*
— *Nós...*
— *Estrelas...*
— *Nos tornamos os seres mais poderosos da terra...*

— *E talvez também...*
— *Os seres mais poderosos...*
— *De todo o Universo, de todas as Galáxias e de todo o Cosmos!*

(Um cometa interestelar em alta velocidade, composto de gelo, poeira e rochas. Passa brilhando bem próximo ao Rei Solar, que permanece subindo, já flutuando sob a gravidade do espaço sideral, acima do planeta terra.)

Rei Solar:
— *Mas...*

— *Com todo esse poder e com a supremacia das Estrelas mais poderosas do mundo...*
— *Veio grandes consequências, conflitos e batalhas também...*

— *Criando assim...*
— *Grandes Guerras Estelares e Galácticas, dentro do nosso planeta terra!*

(O Rei Solar para de subir flutuando, parando exatamente sobre a última e a mais alta camada da atmosfera, a exosfera. E sobre ela o seu corpo começa a enfrentar condições extremas como a falta de oxigênio, a baixa pressão atmosférica, a alta radiação, a alta temperatura, a desidratação, a exposição ao vácuo, dentre outros riscos mortais para todos os seres vivos. Mas mesmo assim, ele como uma poderosa Estrela Rei, permanece de cabeça erguida e com a sua marca brilhando e lutando constantemente e incessantemente, para manter a sua vitalidade, regeneração e a sua vida intacta, diante dessas condições extremas, chegando bem próximo ao seu limite e ao limite espacial de todas as Estrelas e de todos os Galácticos e seres vivos da terra.)

Rei Solar:
— A maioria das Estrelas...
— Não pensam como eu...

— E por isso...
— Vivem na busca incansável de poder e dominação.
— Matando umas as outras para se tornarem superiores!
— Controlando e matando a população mais fraca!
— Tudo para poder dominar grandes territórios e também assim...
— Dominar o mundo!

— E no inicio de tudo...
— Infelizmente...
— Algumas Estrelas, devido a sua alta capacidade de poder...
— Conseguiram atingir esse objetivo!
— Alcançando assim, altos patamares da realeza e da nobreza real.
— Dominando e oprimindo Galácticos e Humanos...
— Formando então, "O Primeiro Império Da Monarquia Estelar"!

— Elas se tornaram Reis e Rainhas muito poderosos e respeitados, donos das suas próprias Constelações.
— Usando a força bruta estelar e o medo para controlar, coagir e manipular a população mais fracas!
— Criando grandes exércitos majestosos em seus reino e usando os galácticos mais poderosos da terra ao seu favor!
— Em um reinado independente, sem leis e sem regras, com os mais fortes...
— Massacrando os mais fracos!

— *Mas ao passar do tempo...*
— *Esse Reinado independente, sem leis e sem regras colapsou...*
— *Com a ascensão de um poderoso e soberano Rei!*

— *Conhecido como:*
— *"A Estrela das Estrelas!"*
— *"O Rei Dos Reis!"*
— *E "O Ditador Dos Ditadores!"*

— *O Supremo e soberano "Rei Epsilon Pegasi!"*

— *Ele se tornou a Estrela Alpha Rei, mais poderosa, mais perigosa, mais sanguinária e maligna de toda a terra.*

— *Tudo isso devido as grandes batalhas e guerras que ele já criou e causou!*
— *E até os dias de hoje, ele é considerado a Estrela viva mais extraordinária e mais temida de todos os tempos!*

— *Não se sabe exatamente qual é a estrela que ele possui em sua mão direita, ninguém se quer conhece ou já viu a sua marca e se viu não sobreviveu para contar história!*
— *E esse é o seu grande segredo!*

— *Ninguém nem ao menos sabe quantos Anos-Luz ele tem ao certo...*
— *Mas...*
— *Dizem...*
— *Que a sua idade se aproxima de 1 Milhão de Anos-Luz!*

— *Dizem também, que o seu nível de poder ultrapassa o nível de poder de um Deus!*
— *E por isso, todos da terra se curvam diante da sua marca, diante do seu poder e diante da sua glória!*
— *Fazendo com que todos se sujeitem a todas as suas ordens, regras e leis!*

— *O "Rei Epsilon Pegasi!"*

— *Quando o seu reinado estelar se ascendeu...*
— *Inicialmente proclamou a paz juntando e unindo todos os 88 Países Das Constelações existentes...*
— *Mas depois...*
— *O poder imperial dele subiu a cabeça e a sua verdadeira face foi revelada...*
— *E então...*

— *Ele proclamou "A Grande Guerra Das Constelações!"*
— *O confronto mais devastador, sangrento e mortal de toda a história Galáctica!*

— *E dos 88 Países Das Constelações existentes...*
— *Através dessas grandes guerras galácticas...*
— *Onde só as Estrelas mais poderosas sobreviveram!*
— *Ele separou as 10 constelações vencedoras!*

— *Tornando essas 10 constelações...*
— *As 10 Grandes Constelações monárquicas soberanas da terra...*
— *Com ele se tornando o líder monarca e ditador, supremo de todas elas.*

— *Sendo a sua constelação, o País Da Constelação De Pégaso, a constelação principal, autoritária e soberana acima delas...*
— *Se tornando também o império mais rico, influente, opressor e sanguinário de todos os tempos!*

— *E assim foi formado "O Segundo Império Da Monarquia Estelar"!*
— *Com novas ordens, regras e leis criadas pelas "As Dez Grandes Constelações" e o então soberano, ditador e Rei supremo delas!*
— *O "Rei Epsilon Pegasi!*

— *E com esse grande império monarca de poder autoritário estelar, eles oprimem todos os outros 77 Países Das Constelações menores, durante milhares e milhares de séculos!*
— *Fazendo todos da terra se curvarem diante das suas constelações, diante dos seus reinos e diante das suas coroas!*

— *Mas esse...*
— *Não é o único grande problema!*
— *Pois ainda existe um problema muito maior!*
— *Chamado de...*
— *A Lei Ant-Matéria!*

(O Rei Solar, devido ter ultrapassado o seu limite sobre a exosfera, começa a despencar em uma queda livre sobre o céu terrestre em direção a Ilha Do Sol e como uma estrela cadente ele cai pegando fogo, atravessando as 5 camadas principais da atmosfera em alta velocidade.)

Rei Solar:
— *O "Rei Epsilon Pegasi!*
— *Além dele ter criado "As Dez Grandes Constelações"!*
— *Ele criou também diversas leis e decretos reais mundiais!*

— *E essa lei chamada de Lei Ant-Matéria...*
— *É o decreto real que busca dizimar, aniquilar e exterminar.*
— *Todos os Planetas Errantes e os seus descendentes que existirem e os que nascerem na terra!*
— *E também, quem tentar protegê-los!*
— *Assim como, eu!*

— *Ou seja...*
— *Ele...*

— *O "Rei Epsilon Pegasi!*
— *É o meu maior...*
— *Inimigo e o meu maior pesadelo...*
— *E eu sou...*
— *O seu, maior rival!*

(O Rei Solar permanece caindo em alta velocidade passando pela a quarta camada da atmosfera, a termosfera. A camada onde dançam as magníficas auroras boreais, que todas as noites brilham sobre a Ilha Do Sol, como joias preciosas em uma dança mágica e celestial.)

Rei Solar:
— Ele me caça durante anos, durante séculos e durante milênios!
— Por todo o mundo...
— Por todos os Países Das Constelações...
— Buscando a todo custo...
— A minha morte!

— Desejando usar a minha marca estelar como um troféu e como uma ameaça...
— Para intimidar todos os outros que sonharem fazer o mesmo que eu faço!

— Tudo isso simplesmente porque, eu protejo os Planetas Errantes com a minha marca, com o meu poder e com a minha vida!

(O Rei Solar respira fundo entristecido, ainda caindo em queda livre.)

Rei Solar:
— O Paradoxo Do Sol:
— A Árvore Genealógica Galáctica.

— Esse grande dilema...
— Começa...
— Com a primeira ramificação da !inhagem galáctica!
— Quando as Estrela tem filhos com outras Estrelas.
— E assim...
— Nascem filhos com uma marca em sua mão direita também e eles são chamados de...
— Planetas!

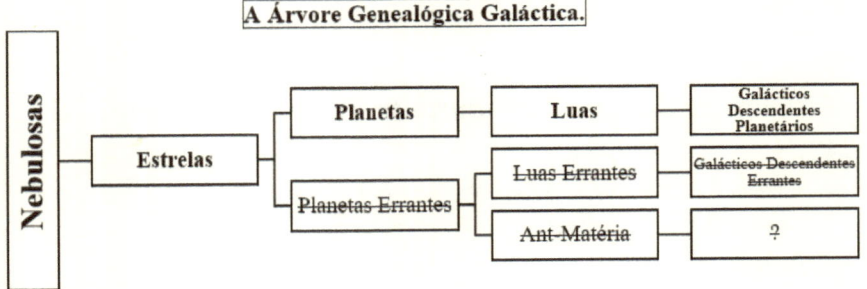

| | Galácticos Descendentes Comuns |

Rei Solar:

— Os **Planetas** são os filhos das Estrelas!

— Os seus herdeiros e os seus descendentes!

— Eles são considerados galácticos também assim como todos os descendentes das "**Nebulosas.**"

— Possuindo a marca planetária e possuindo fantásticos poderes planetários!

— Ficando abaixo somente das Majestosas e Poderosas Estrelas!

— As **luas** são os filhos dos Planetas!

— Possuem a marca da lua em suas mãos direitas, mas por sua vez, não são tão poderosas quanto os seus pais, conseguindo apenas utilizar e manipular, os poderes dos 4 elementos.

— E por último vem...

— Os **galácticos descendentes planetários**, que possuem uma marca também, mas não possuem poderes.

— No entanto, como todos os outros galácticos, eles possuem a longevidade galáctica da sua vida estendida, vivendo em média 200 mil Anos-Luz.

— Essa **Árvore Genealógica Galáctica**, é valida apenas para

galácticos que tem filhos com galácticos de mesma marca.
— Pois...
— Qualquer mistura entre galácticos de marcas diferentes, nascem filhos **galácticos descendentes comuns,** *que possui a marca galáctica comum, mas não possuem se quer algum poder, além da longevidade galáctica!*

— A mistura do **sangue humano** *com o* **sangue galáctico,** *causa a morte imediata do feto, causando também, a morte materna no caso dos seres humanos!*
— E é por isso que a raça humana e a raça galáctica não se misturam.

— E existe ainda, uma segunda ramificação da linhagem galáctica!

— A linhagem dos **Planetas Errantes***!*
— E é aqui, que o decreto real chamado de a Lei Ant-Matéria entra...
— Dizimando, aniquilando e exterminando toda uma linhagem galáctica!

(O Rei Solar permanece caindo em alta velocidade passando pela a terceira camada da atmosfera, a mesosfera. A camada mais fria, onde os meteoritos se desintegram, criando o fenômeno efeito conhecido como estrelas cadentes.)

Rei Solar:
— O Paradoxo Do Sol:
— A Lei Ant-Matéria.

— A muito tempo atrás...
— Após surgir "O Segundo Império Da Monarquia Estelar."
— Algo muito estranho começou acontecer...
— Na qual...
— Assustou todos os galácticos existentes da época!

— Alguns pensavam que era uma maldição!

— Outros pensavam que era um castigo ou uma punição divina!
— Devido as grandes guerras galácticas travadas no passado!
— E isso se alarmou, aterrorizando e assustando, todas os 88 Países Das Constelações!

— O que aconteceu foi que...
— Alguns dos Planetas, filhos de algumas Estrelas...
— Começaram a nascer...
— Sem a marca planetária!

— Preocupando, apavorando e assustando todos os moradores da terra...
— Já que isso, nunca havia acontecido antes, em toda a história da vida galáctica!

— Mas...
— Segundo algumas Estrelas pesquisadoras e cientistas...
— Após secúlos de pesquisas...

— Isso aconteceu, devido a uma falha genética no DNA galáctico...
— No momento da gestação e do desenvolvimento dos filhos das Estrelas...
— Onde os seus embriões, não conseguiram absorver nutrientes suficientes das marcas das suas mães Estrelas...
— Para então formar, as suas marcas Planetárias.

— Criando assim uma nova linhagem sanguínia galáctica!

— Devido a esse grande acontecimento...
— O Rei Epsilon Pegasi que já era Rei e o ditador supremo das constelações...
— Viu que os Planetas sem marcas não representavam um problema...

— E então...
— Nomeou esses Planetas que nasceram sem a marca de...
— **Planetas Errantes!**

— Até aqui...

— *Tudo ainda estava bem...*
— *Mas...*
— *A paz...*
— *Para os Planetas Errantes...*
— *Estava prestes a acabar!*

— *O tempo se passou e alguns Planetas Errantes também tiveram filhos, que foram chamados de Luas Errantes...*
— *E as Luas Errantes também tiveram filhos, chamados então de Galácticos Descendentes Errantes...*

— *Na qual toda essa linhagem...*
— *Descendentes dos Planeta Errantes, também não possuíam marcas...*
— *Mas, ainda assim, todos eram considerados galácticos!*
— *Possuindo o tempo de longevidade de vida estendido também como todos os outros galácticos.*
— *Vivendo em média 200 mil Anos-Luz de idade.*

— *Eles não representavam nenhum risco para o Rei Epsilon Pegasi e nem para o seu Segundo Império Da Monarquia Estelar.*

— *Mas...*
— *Um dia...*
— *Tudo isso mudou!*

(O Rei Solar permanece caindo em alta velocidade, passando pela a segunda camada da atmosfera, a estratosfera. A camada onde fica a camada de ozônio que absorve e bloqueia a radiação ultravioleta do sol, protegendo toda a vida existente na terra.)

Rei Solar:
— *Dois **Planetas Errantes** tiveram um filho...*
— *Um filho diferente de todos os outros...*
— *Uma criança diferente de todas as outras...*
— *Não eram Luas Errantes e nenhum galáctico conhecido anteriormente!*
— *Era algo novo, capaz de destruir...*

— *Todo o universo galáctico!*

— *Essa criança surgiu como uma nova espécie de galáctico, na qual ninguém havia conhecido antes e ela mudaria toda a história!*

— *Ela nasceu com uma nova marca misteriosa em sua mão direita...*
— *Que foi chamada de marca Ant-Matéria!*
— *E que hoje alguns a chamam de: "A Marca Amaldiçoada Pelo O Big-Bang!"*

— *A marca na qual era capaz de eliminar, exterminar, aniquilar e desintegrar...*
— *Instantaneamente...*
— *Qualquer matéria que ela tocasse!*

— *Com apenas um simples toque, ela era capaz de destruír tudo, causando uma extrema liberação súbita de energia, despertando uma grande reação em cadeia e resultando em uma explosão massiva de raios gama, ondas de choque e de calor intenso e letais!*

— *Produzindo também partículas subatômicas e radiações secundárias mortais, em um raio considerável ao redor do seu ponto de contato de forma catastrófica...*
— *E de impacto global!*

— *Mesmo ela ainda sendo apenas uma criança!*
— *Mesmo ela ainda sendo apenas um bebe recém-nascido!*
— *Ela possuía a marca com o poder absoluto em sua mão direita!*

— *Isso causou um grande alvoroço e uma grande revolução entre todas as Constelações das Estrelas!*

— *Todos ficaram extremamente aterrorizados!*
— *Todos mesmo sendo Estrelas, começaram a temer a morte!*

— *Para eles agora realmente era uma maldição!*
— *Para eles agora realmente era um castigo ou uma punição divina!*

— *E isso causou, a grande revolta do poderoso Rei Epsilon Pegasi!*

— *Ele com medo dessa criança crescer e aprender a controlar os seus poderes, superando assim o poder das Estrelas e destruindo então todo o seu Reinado Constelacional...*

— *O Rei Epsilon Pegasi...*
— *Ordenou que* **"O Quadrado De Pégaso"** *buscassem a criança recém-nascida junto com a sua família de Planetas Errantes e os trouxessem ao seu palácio real, em sua constelação em Pégaso...*
— *Alegando a eles, que iria ampará-los.*

— *Ele ordenando também por decreto real, que todas "As Dez Grandes Constelações" comparecesse no mesmo dia!*

— *E então...*

— *Quando todos estavam presentes diante do poderoso Rei no País Da Constelação De Pégaso!*
— *Ele se levantou do seu majestoso trono, pegou a pobre criança recém-nascida em suas mãos...*
— *E a matou!*

— *A sangue frio e de forma brutal!*

— *Ele matou aquela pobre criança com as suas próprias mãos...*
— *Diante dos olhos dos seus país, que não esperavam por aquilo e na mesma hora entraram em desespero, mas foram contidos pelos os poderosos Soldados Galácticos Estelares do Rei.*

— *E todas "As Dez Grandes Constelações" que estavam presentes observando tudo...*
— *Não fizeram absolutamente nada para impedir aquele tenebroso ato!*
— *Ao invés disso o aplaudiram e o reverenciaram.*

— *Naquele mesmo dia, ele apresentou diante de todas as constelações, o novo decreto real que ele mesmo criou e escreveu...*
— *Selado pelo o seu sangue Estelar e pelo o sangue da criança*

morta!

— *E essa nova lei...*
— *Ordenava a morte de...*
— *Todos os Planetas Errantes existentes e todos os Planetas Errantes que nascerem, junto a todos os seus descendentes errantes.*
— *E também...*
— *A quem tentar ou ousar protegê-los ou escondê-los!*
— *A partir daquele dia...*
— *E Até o fim dos tempos!*

— *Dizimando, aniquilando e exterminando assim, toda uma linhagem galáctica errante da história!*

— *O nome dessa lei dada pelo Rei, foi chamada de: **Lei Ant-Matéria!***
— *E foi assinada em concordância por todas as outras constelações...*
— *Sendo selada com sangue por todos os grandes reis e rainhas estelares do mundo todo!*

— *Tudo isso para evitar o nascimento de crianças com a marca Ant-Matéria em todo o globo terrestre!*

— *E naquele mesmo dia da apresentação da Lei Ant-Matéria...*
— *Os pescoços dos Planetas Errantes, pais da criança recém-nascida que foi brutalmente assassinada...*
— *Foram cortados diante de todos pelas cruéis, perigosas e malignas Estrelas!*

(O Rei Solar para imediatamente sobre o ar, voltando a flutuar sobre a gravidade e sobre as nuvens, parando novamente ao centro da Ilha Do Sol e na primeira camada da atmosfera, a troposfera. A camada mais próxima da superfície terrestre, onde ocorrem praticamente todos os fenômenos meteorológicos. E na mesma hora em que ele paira sobre ela, começam a cair algumas lágrimas dos seus olhos estelares sendo levadas pela a brisa do vento e como gotas de chuva de uma breve garoa, elas molham a terra diante do brilho do sol no horizonte.)

Rei Solar
— *Mas...*
— *Não é assim que eu penso!*
— *Não é assim que as coisas devem ser!*
— *Não é assim que eu acredito!*

— *Pois...*
— *Eu acredito que...*
— *Todos temos que ter o direito a vida!*

— *Independente da nossa linhagem sanguínia...*
— *Independente das nossas raças galácticas...*
— *E independente das nossas marcas ou níveis de poder...*

— *Todos merecemos viver!*

— *Sendo Estrelas ou não!*
— *Sendo Planetas ou não!*
— *Sendo Luas ou não!*

— *Sendo Humanos ou não!*

— *Sendo Errantes ou não!*

— *Todos temos que ter o direito a vida!*
— *De igual para igual!*

(A Marca estelar do Rei Solar volta a brilhar sobre os céus da Ilha do Sol, resplandecendo como o Sol que brilha no horizonte após o seu majestoso nascimento.)

Rei Solar:
— *A grande maioria dos filhos dos Planetas Errantes nascem como Luas Errantes que não possuem marca e não representam perigo nenhum...*
— *Isso porque a probabilidade de uma criança nascer com a marca*

Ant-Matéria é de uma em um milhão!

— Mas mesmo assim...

— Eles...
— Eles...

— Eles perseguem e matam todos os Planetas Errantes sem dó e sem piedade!

— Algumas Estrelas os sequestram e os escravizam escondidos...

— Os tratando pior que...
— Animais...
— Pior do que...
— Lixos!

— E depois os matam brutalmente!

— Todas as constelações do mundo, com as suas Estrelas, Planetas, Luas, Descendentes Planetário e comuns...
— Afirmam serem a raça superior e assim dominam o mundo causando a morte de milhões e milhões de Planetas Errantes indefesos e inocentes!

— E isso acontece...

— Durante décadas!
— Durante séculos!
— Durante milênios!

— Mesmo a probabilidade de nascimento de uma criança com a marca Ant-Matéria sendo muito pequena e muito baixa...
— Eles fazem todas essas atrocidades contra todos eles...

— Alegando ser pelo o bem dos galácticos...
— Alegando ser pelo o bem da humanidade...
— Alegando ser pelo o bem do planeta terra!

(Após as gotas de lágrimas do Rei Solar se misturarem com a

breve garoa matinal, elas criam um magnífico arco-íris sobre a bela Ilha Do Sol, o tocando profundamente em seu coração com fé, paz e esperança de um dia melhor.)

Rei Solar:
— E então...

— É por isso...
— Que...
— Hoje...
— Eu luto continuamente contra eles!
— Contra todas as constelações!
— Tudo para protegê-los!

(O Rei Solar olha para a sua marca novamente se recordando do seu passado.)

"Lembranças Do Solar:"

Solar:
— Eu com a minha "Marca De Sangue" aberta e exposta diante dos seus olhos!

— Prometo que guardarei todas as suas palavras de sabedoria!
— Dentro da minha mente!
— E dentro do meu coração!
— E assim eu serei a luz na escuridão!

— Eu selo esse pacto de sangue Galáctico, com a minha marca e o meu sangue!
— Selando essa aliança, fechando e abrindo a minha mão direita!
— Com a minha "Marca De Sangue" Regenerada!
— Diante dos seus olhos!

(Ele respira fundo e os seus olhos se enchem de lágrima

novamente.)

Rei Solar:
— No passado...
— Eu fui salvo por uma Planeta Errante...
— Que me trouxe para essa Ilha na qual muitos Planetas Errantes já moravam e se escondiam aqui...
— E ela sacrificou a sua vida inteira por mim, até o dia da sua morte!

— Ao passar dos anos, aconteceu "A Grande Invasão."
— Na qual eu protegi todos os Planetas Errantes e os seus descendentes que moravam aqui, superando todos os meus limites e ...
— Vencendo todas as Estrelas e Planetas invasores que vieram para exterminá-los.

— Eu os venci usando a minha marca...
— A marca do Sol!

— E através disso eles me tornaram Rei...
— Dedicando o nome da Ilha que agora é chamada de Ilha Do Sol ao meu nome...
— E a minha marca!

— E até hoje eles me chamam de...
— O Rei Deus, Solar!

— E assim como o sol que ilumina a terra todos os dias...

— Eles são fiéis e leais a mim!
— E eu sou fiel e leal a eles!

— E eu vejo em cada sorriso...
— De cada idoso, adulto, criança ou bebê...

— Um sorriso de...
— Esperança de um dia...
— Tudo ser diferente...

— *E eles poderem viver sem medo!*

— *É por isso que eu luto...*
— *E continuarei lutando...*
— *Por cada Galáctico, Planeta Errante ou ser humano que existir e precisar de ajuda...*
— *Nessa Ilha...*
— *Nessa terra!*
— *Nesse Universo!*

(Alguns moradores da Ilha Do Sol ao verem o Rei Solar brilhando próximo as nuvens, começam a gritar bem alto o comprimentando e o saudando como a majestosa e poderosa Estrela Rei que ele é e então ele os responde alegremente.)

Zenka:
— BOM DIA MAJESTADE?

Rei Solar:
— Bom Dia, meu querido Sr. Zenka!

Estrela Vega:
— BOM DIA MAJESTADE?

Rei Solar:
— Bom dia, minha querida Sra.Vega!

Yongmaru:
— BOM DIA MAJESTADE?

Rei Solar:
— Bom dia, meu querido Jovem Yongmaru!

Planck:
— BOM DIA MAJESTADE?

Rei Solar:
— Bom dia, meu querido Jovem Planck!

Belerofonte:

— BOM DIA MAJESTADE?

Rei Solar:
— Bom Dia meu querido Bell!

Belerofonte:
— ME PERDOE MAJESTADE!
— MAS, O SR ESTAVA FALANDO SOZINHO DE NOVO???

(O Rei Solar sorrir.)

Belerofonte:
— ME DESCULPE TE ENTERROMPER NOVAMENTE.
— MAS UMA VEZ MAJESTADE...
— EU NÃO QUERIA ATRAPALHAR A SUA MEDITAÇÃO MATINAL!
— DE NOVO...

(Todos ainda o observando, abaixam a cabeça tristemente envergolhados, por atrapalharem o Rei, com a sua rotineira meditação matinal.)

Rei Solar:
— Sem problema meus queridos amigos.
— Como sempre...
— Eu só estava meditando!

(O Rei Solar sorri graciosamente, enquanto o sol o ilumina com o seu brilho.)

Belerofonte:
— MAJESTADE!
— O BANQUETE REAL DO SR JÁ ESTÁ SERVIDO, NO GRANDE SALÃO REAL DO CASTELO!

— E HOJE TEREMOS MUITO TRABALHO A FAZER...

— O SR JÁ ESTÁ PRONTO PARA MAIS UMA NOVA MISSÃO DE RESGATE???

(O Rei Solar aperta o punho direito com força e sorrindo.)

Rei Solar:
— Eu já nasci pronto Bell!

(O Bel sorrir também.)

Belerofonte:
— O NOME DELA SERÁ...
— MISSÃO: NOKY E ZYRA.
— ELAS SÃO DUAS CRIANÇAS PLANETAS ERRANTES!
— QUE PRECISAM SEREM RESGATADAS IMEDIATAMENTE!
— POIS ESTÃO CORRENDO RISCO DE VIDA!

Rei Solar:
— Deixe comigo!
— Eu irei salvá-las a qualquer custo!
— Excelente trabalho, meu braço direito!

(Todos ao ouvirem que o Rei Solar em breve fará uma nova missão de resgate, levantam as suas mãos direitas abertas em direção ao Sol simultaneamente como um ritual, usando assim o gesto de honra e lealdade mais usado para com a Estrela Rei dizendo:)

Moradores Da Ilha:
— QUE O UNIVERSO ESTEJA AO SEU FAVOR, REI DEUS, SOLAR!

(O Rei Solar como resposta a eles, também levanta a sua marca estelar do Sol em direção ao Sol, emitindo um alto brilho no céu e parando quase que imediatamente, piscando e cintilando o seu brilho como uma Estrela digna de honra, glória e poder.)

Rei Solar:
— E que o Sol, nos ilumine!
— Amém!

(Todos se curvam sincronizados diante do seu brilho

majestoso e radiante nos céus que se constrasta com o arco-íris, enquanto o Rei Solar os observa.)

Pensamento Do Rei Solar:
"— E esse é o meu grande paradoxo!"

"— O Paradoxo Do Sol:"

"— O Sol pode iluminar a escuridão dos outros, mas não pode iluminar, a sua própria escuridão!"

(O Rei Solar sorrir graciosamente para todos, grato pela fidelidade e lealdade do seu querido povo.)

Rei Solar:
— Vamos lá!
— Uma grande jornada me aguarda!
— Pois a aventura só está apenas começando!

(Todos da Ilha Do Sol o aplaudem alegremente, gratos por ele ter os salvado e iluminado, as suas vidas.)

Pensamento Do Rei Solar:
"— Dizer: Eu estou bem!"
"— Não é, estar bem!"

(O Rei Solar sorrir com a boca, acenando alegremente para o seu povo.)

"Lembranças Do Solar:"

Solar:
— Eu com a minha "Marca De Sangue" aberta e exposta diante dos seus olhos!

— Prometo que guardarei todas as suas palavras de sabedoria!
— Dentro da minha mente!
— E dentro do meu coração!

— E assim eu serei a luz na escuridão!

— Eu selo esse pacto de sangue Galáctico, com a minha marca e o meu sangue!
— Selando essa aliança, fechando e abrindo a minha mão direita!
— Com a minha "Marca De Sangue" Regenerada!
— Diante dos seus olhos!

(O coração dele dispara, mas ele permanece sorrindo alegremente.)

Pensamento Do Rei Solar:
"— O sorriso da boca esconde, as lágrimas dos olhos e da alma!"
"— O que era uma promessa se tornou a minha, maldição!"

(Raio De Luz.)

(Assim a jornada do Rei Solar continua, com mais uma nova missão e em um Raio De Luz amarelo, ele desaparece sobre o céu azul da magnífica, grandiosa e espetacular: Ilha Do Sol.)

("— O Sol pode iluminar a escuridão dos outros, mas não pode iluminar, a sua própria escuridão!")

(20 Mil Anos-Luz Depois...)

PARTE 4

As Três Marias.
Localização: País Da Constelação De Órion.
Ano: 1.070.000 Anos-Luz.
Período: Noite.
Clima: Nevando.

(O Rei Solar caminha sobre a neve densa e profunda no País Da Constelação De Órion, usando vestes de panos claros, feita com grossas camadas de peles de ursos polar, que cobrem dos seus pés até a sua cabeça, com uma toca aveludada na cor branca, que se misturam com os seus velhos cabelos longos e brancos, juntamente com a sua velha barba média e branca. A cor das suas vestes, foram escolhidas por ele mesmo de forma estratégica, para que ele possa se camuflar na neve tranquilamente sem chamar a atenção dos inimigos. E a cada passo que ele dá sobre ela, os seus pés afundam em cada camada fria e fofa, fazendo com que a sua caminhada exija muito mais esforço do que o normal. O som abafado do silêncio da noite, destaca os seus movimentos, enquanto a neve continua caindo dos céus em flocos, lentamente, sobre as suas costas, ombros e cabeça, nessa noite escura, sombria e gelada. O vento gélido acaricia o seu rosto, enquanto a sua respiração, que está ofegante, criam cristais de gelo que se misturam com as brisas do ar, nesse imenso mar branco de neve macia e densa. Onde uma grande Coruja Branca Dos Olhos Azuis, caça, batendo as suas asas silênciosamente, voando acima das nuvens no céu e sobre a sua cabeça.)

Pensamento Do Rei Solar:
"— Mais um dia..."
"— E mais uma missão de resgate!"

"— O famoso País da Constelação De Órion!"
"— Como ela é imensa!"

"— E pelo visto..."
"— Bem rica e organizada também!"

"— Seja quem for a Estrela Rei ou a Estrela Rainha daqui..."
"— Com toda a certeza..."
"— Deve ser muito rica e poderosa!"

"— Já estou quase me aproximando do meu alvo!"
"— Só mais um pouco e eu chego lá!"

"— Se não fosse toda essa neve né!"

(O Rei Solar olha para os céus e vê a grande Coruja Branca Dos Olhos Azuis indo embora em direção ao norte, batendo as suas longas asas e voando silenciosamente, assim como o silêncio do vazio do vaco no espaço.)

Pensamento Do Rei Solar:
 "— Como eu não posso arriscar ser avistado voando, chamando assim a atenção de outras Estrelas com o meu brilho nessa Constelação inimiga..."
"— Não tenho outra escolha a não ser caminhar!"
"— Fora que também, a neve atrapalharia a minha visão, diminuindo assim a minha precisão de voou..."
"— Então, caminhar é a minha melhor opção!"
"— Mas..."
"— Eu preciso me apressar!"

"— Estrelas conseguem sentir a presença de outras Estrelas, apenas utilizando a atração gravitacional!"
"— Então, mesmo que elas não me vejam..."
"— Elas podem me sentir..."
"— Se houver qualquer deslize gravitacional meu!"

(Alguns minutos depois...)

(O Rei Solar continua respirando ofegante da longa caminhada, ele para, descansa brevemente e respira fundo. E então ele pega um pouco de neve do chão e começa a esquentá-la usando a sua mão direita onde fica a sua marca, fazendo com que ela comece a derreter, fervendo sobre a sua mão, removendo assim todas as empurezas e gerando um punhado de água. Ele a leva até a sua boca e nesse curto período de tempo, a água que embora estava quente, agora já está gelada, devido a baixa temperatura ambiente e assim ele a bebe, se hidratando e matando a sua sede. Ele então olha para baixo e as brisas da alta altitude toca-lhe o rosto, ele sorrir alegremente, pois acaba de chegar ao topo do seu grande objetivo.)

Pensamento Do Rei Solar:
"— Finalmente eu..."
"— Cheguei!"
"— Ele deve está próximo!"

(Diante do alto de um imenso vale cercado por grandes colinas e encoberto pela a neve, o Rei Solar avista algumas cabanas feitas com madeiras escuras, umas distantes das outras, mas próximas a uma densa floresta com altas árvores de pinheiro, com muitas folhas e muitos galhos congelados, pois elas estão em uma espécie de imbernação de inverno, todos encobertos pela a neve. Ele parado no topo do vale, com os seus pés afundados sobre a neve, começa a flutuar lentamente sobre a gravidade, acendendo então os seus olhos nos céus, os fazendo brilhar como o sol, sobre a escuridão da noite, tudo para conseguir sentir a presença do seu precioso alvo de resgate com mais precisão.)

Pensamento Do Rei Solar:
"— Pela energia da sua atração gravitacional fraca, ele está no raio de 1 kilometro!"
"— Finalmente eu te encontrei!"

(Ele olha a frente para a parte mais baixa do vale, onde fica a densa floresta.)

Pensamento Do Rei Solar:
"— O Planeta Errante que eu senti..."

"— Só pode está alí!"

"— Dentro daquela pequena cabana, passando aquela grande floresta!"

(Ele então diminui o brilho dos seus olhos amarelos, descendo lentamente dos céus e colocando novamente os seus pés sobre a neve. E então, ele começa a descer o imenso vale, caminhando em direção a densa floresta de pinheiros, se aproximando cada vez mais da pequena cabana de madeira, que está envolvida na frieza da escuridão. Ele então usa a sua marca criando uma pequena esfera do tamanho da cabeça de um alfinete, como se fosse uma tocha, iluminando assim o seu caminho com a sua luz intensa e amarela, controlando precisamente a sua intensidade ao mínimo, para não atrair inimigos dessa grande constelação.)

Pensamento Do Rei Solar:
"— Pelo o que eu senti..."
"— Não há mais ninguém lá dentro a não ser ele..."
"— Ou ela né!"
"— E também não há, nem um sinal de vida por perto!"
"— Então, é um lugar perfeito para um Planeta Errante se esconder!"

"— Como está tudo escuro por dentro, devido ser de madrugada..."
"— Provavelmente ele ou ela deve está dormindo!"
"— Então, eu preciso me aproximar e acordá-lo (a) para fugirmos, antes do nascer do sol!"

(Alguns minutos depois...)

(O Rei Solar acelera a sua caminhada em direção a cabana e o frio intenso tenta congelá-lo, passo a passo, respiração a respiração, mas ele mantém o seu passo firme e ligeiro, começando a adentrar a grande floresta congelada.)

Pensamento Do Rei Solar:
"— Se eu não fosse uma Estrela..."
"— E não conseguisse aumentar a minha temperatura corpotal

interna...”
“— Com toda a certeza...”
“— Eu já teria congelado!”

“— Está muito frio aqui em baixo...”
“— Mais frio até do que estava lá em cima!”

*“— Geralmente em vales assim, tende a ser mais frio no topo,
porque quanto maior a altitude de um lugar, mais frio ele é!”*

*“— Porém, isso deve ser, porque a neve está cobrindo
absolutamente tudo aqui em baixo, inclusive os meus joelhos que
estão praticamente congelados e encobertos por ela!”*

“— Essa com toda a certeza...”
“— Deve ser a Constelação mais gelada em que eu já pisei!”

(Alguns minutos de caminhada depois...)

(O Rei Solar que ainda caminha em direção ao resgate do
Planeta Errante, com os olhos fixados a sua frente, começa a
ver de longe a pequena cabana dentre as árvores de pinheiros
congeladas. E então ele vê, uma pequena luz, surgindo como a
luz de uma vela, brilhando pelo o lado de dentro da pequena
cabana de madeira, trazendo consigo a esperança junto com
ela.)

Pensamento Do Rei Solar:
“— Espera...”
“— Uma luz se acendeu!”
“— Então, alguém acordou!”

“— É a minha chance...”
“— Eu preciso me aproximar mais rápido e salvá-lo!”
*“— Ainda estou na metade do caminho, mas eu preciso caminhar
mais rápido!”*

(Mais alguns minutos de caminhada depois...)

Pensamento Do Rei Solar:

"— Enfim cheguei!"
"— É hora de agir!"

(E então ele chega na frente da cabana, que ainda permanece iluminada por dentro pela luz aparentemente de vela. Há uma pequena janela ao lado direito e uma porta ao lado esquerdo e no seu topo há uma pequena chaminé, todos feitos de carpintaria com madeira de pinheiros. Tudo, inclusive o seu jardim, está totalmente encoberto pela a neve densa, junto com o seu cercado de madeira, que quase já não da para ver. Ao seu redor, não há sinais de vida, nem de Galácticos, pessoas ou animais, ou seja, é o lugar perfeito para um Planeta Errantes se esconder das terríveis, malígnas e poderosas Estrelas.)

Pensamento Do Rei Solar:
"— Essa cabana é maior do que eu pensava, mas parecia menor de longe!"
"— Com toda a certeza..."
"— Ele ou ela está lá dentro!"
"— Posso sentir a sua atração gravitacional fraca daqui!"

"— Vou me aproximar mais e olhar pela janela, para ver se consigo vê-lo ..."
"— E então, irei resgatá-lo!"

(O Rei Solar se aproxima da pequena janela, que trancada e embaçada por dentro, turva a visão de quem olha do exterior, sendo possível ver somente a claridade da iluminação da vela, borrada pela a nevoa do calor de alguma respiração que está na parte interna.)

Pensamento Do Rei Solar:
"— Não consigo ver nada..."
"— Como aqui fora está frio e lá dentro está quente..."
"— O vidro da janela está todo embaçado por dentro!"

"— Vou ter que me aproximar mais e bater na porta..."
"— Quem sabe ele ou ela me atende!"

"— Só tenho que tomar cuidado para não assustá-lo, o fazendo fugir!"

(Ele então caminha até a porta apreensivo e quando ele vai se aproximando dela, algo aparece voando lentamente sobre o cair da neve. É uma linda borboleta branca azulada, que passa batendo as suas asas suavemente, diante dos seus olhos e pousando sobre a maçaneta congelada. Ele então olha fixamente para ela, impressionado com a sua beleza rara, que acabou de surgiu do frio da escuridão.)

Pensamento Do Rei Solar:
"— Incrível!"
"— Como ela é linda!"
"— Parecem brilhar no escuro!"
"— Em todos os meus 70 mil Anos-Luz de vida, eu nunca vi uma Borboleta dessa Espécie!"
"— Na verdade, eu nunca vi nada igual!"

"— Ainda mais no inverno!"
"— Provavelmente ela deve ser adaptada ao ambiente específico dessa constelação!"

"— Ela deve ter sentido o calor do meu corpo..."
"— E por isso, se aproximou de mim!"

(O Rei Solar fascinado por sua raridade, leva a sua mão direita em direção a maçaneta, onde descansa a rara borboleta com os seus suaves bater de asas.)

Pensamento Do Rei Solar:
"— Oh não! Ela voou!"
"— Está voltando para a floresta!"

(O Rei Solar cego e atraído pela a rara borboleta, se vira em direção a floresta congelada, tentado a seguir a curiosa espécie, que voa lentamente, sentido a escuridão.)

Pensamento Do Rei Solar:

"— Hãm?!"
"— Espera ai!"

"— Eu quase que perdi o foco!"
"— Preciso me concentrar!"
"— Chegou o grande momento que eu tanto esperei, não posso me distrair!"
"— É hora de bater na porta e salvar mais uma preciosa vida!"

(Ele então, se vira rapidamente e bate na porta.)

(Toc-Toc-Toc)

(Ele aguarda por alguns segundos, mas o silêncio se mantém.)

Pensamento Do Rei Solar:
"— Parece que ele (a) não ouviu..."
"— Vou tentar de novo!"

(Toc-Toc-Toc)

Pensamento Do Rei Solar:
"— Ninguém responde!"
"— E agora?"
"— O que eu faço???"

(Toc-Toc-Toc)

Pensamento Do Rei Solar:
"— O silêncio permanece!"
"— Nem se quer um movimento brusco ou qualquer outra reação!"
"— Apesar que eu também não responderia se estivesse escondido ou tentando fugir!"
"— Mas, uma coisa eu faria..."
"— Apagar a luz!"
"— Imediatamente, para não chamar atenção!"
"— Isso significa que, ele ou ela não está tentando fugir!"

"— Não tenho outra opção..."
"— Eu vou ter que entrar!"

"— Daqui algumas horas o sol irá nascer e então dificultará a nossa fuga!"

(O Rei Solar toca na maçaneta congelada com a mão direita e a sua marca a descongela.)

Pensamento Do Rei Solar:
"— Hora..."
"— De virar a maçaneta!"
"— Eu só espero..."
"— Que ele ou ela mantenha a calma e eu seja bem recebido..."
"— E também consiga fazê-lo (a), acreditar em mim!"
"— Isso é, essencial!"

(Som da porta abrindo.)

Pensamento Do Rei Solar:
"— Estou quase lá..."
"— Estou quase vendo!"

(Ele então vira a maçaneta lentamente e além do barulho da porta rangendo enquanto se abre, a única coisa capaz de ser ouvida, é o som aflito da sua profunda respiração. A luz de uma vela derretida pela metade, ilumina o interior da cabana de madeira, que por dentro é simples, sem possuir muitos móveis, sem lenha, sem cobertores e provavelmente também, sem comida. Esses são sinônimos de alguém que precisa de socorro e resgate, imediatamente.)

Pensamento Do Rei Solar:
"— Eu estou vendo!"
"— É uma mulher!"
"— Uma mulher de longos cabelos brancos azulados!"

(O Rei Solar, então se sente aliviado e feliz, por ter conseguido encontrar ainda com vida, uma nova Planeta Errante, que ele agora irá resgatá-la e levá-la em segurança para a sua Ilha, que para muitos semelhantes a ela, é considerado um paraíso. E finalmente para ele, todo o sacrifício, perigos e riscos corridos, nessa longa viagem para o País Da Constelação De Órion, enfim, valeu a pena, pois ela irá conseguir viver uma vida em paz, feliz e protegida. Sem precisar fugir ou se esconder de tenebrosos inimigos e assassinos da supremacia Estelar.)

Pensamento Do Rei Solar:
"— Ela está sentada na cama de costas para mim..."
"— Ela nem escutou ou reagiu quando eu abri a porta!"

"— Provavelmente..."
"— Ela deve estar com medo, pensando que eu sou um inimigo e irei mata-la..."
"— E por isso..."
"— Está se entregando totalmente a morte, sem se quer reagir!"

"— Preciso me apresentar e acalmá-la!"
"— Evitando que ela grite!"
"— Mas pra isso, eu vou ter que chamá-la!"

(O Rei Solar com suas vestes de urso polar branco, feitas propriamente para o inverno, retira a sua grande toca macia e felpuda da cabeça a puxando para traz, revelando assim a sua velha e formosa aparência. As suas duas longas tranças, permanecem ainda no mesmo lugar que sempre esteve, amarrada ainda com o ramo de trigo, mas seus cabelos e barbas que antes eram loiros, agora já estão totalmente brancos, tão brancos quanto a neve que cai do lado de fora da cabana, mas a sua beleza estelar e o seu corpo robusto, permanecem completamente intactos ao tempo. Ele então entra na cabana, passando completamente pela porta, que é quase da sua altura.)

Rei Solar:
— Olá?
— Boa Noite Senhorita?
— Não tenha medo!
— Eu não sou um inimigo!

— Eu vim para...
— Te salvar!

(O Rei Solar olha atentamente para a mulher, após o soar da sua voz, grossa, calma e serena. A brisa que entra pela porta que permanece aberta atrás de suas costas, balança a luz da vela, que ao balançar, quase que se apaga, mas volta a brilhar intensamente.)

Pensamento Do Rei Solar:
"— Ela ainda está de costas, sentada na cama no mesmo lugar..."
"— Nem ao menos me respondeu!"

"— O que será que está acontecendo?"
"— Eu ainda falei alto..."
"— Não é possível que ela não tenha escutado!"

Rei Solar:
— Senhorita?
— Eu vim para te resgatar e te tirar daqui dessa constelação!

(O Rei Solar olha atentamente para a mulher.)

Pensamento Do Rei Solar:
"— Ela não reage..."
"— Não faz absolutamente nada!"

"— O que será que ela tem?"
"— Eu vou me aproximar mais..."
"— Quem sabe ela esteja dormindo sentada..."
"— Ou..."
"— Ela pode estar com muita fome, que nem ao menos consegue falar!"
"— Pode ser isso!"

"— Talvez se eu balança-la, ela acorde e me responde!"

(O Rei Solar se aproxima lentamente e atento, preocupado com o bem estar da mulher que permanece calada e imóvel.

Na mesma hora algo pequeno e branco azulado, passa voando por ele, batendo levemente as suas asas e lhe trazendo novas esperanças.)

Pensamento Do Rei Solar:
"— O que?"
"— Aquela rara Borboleta de novo?"
"— Ah, é mesmo, eu deixei a porta aberta!"

"— Olha!"
"— Ela está voando em direção a mulher!"
"— Ela vai pousar no ombro dela?"

(A Borboleta então, pousa no ombro esquerdo da mulher, enquanto a luz da vela, permanece dançando sobre os ventos suaves das brisas, que entram pela a porta que também se balança aberta com o vento.)

Pensamento Do Rei Solar:
"— Nem assim ela se mexeu!"
"— Curioso que..."
"— Se eu não tivesse visto a borboleta entrar, não perceberia ela camuflada em seu cabelo!"

"— Não tem jeito!"
"— Eu vou ter que toca-la e acordá-la!"
"— Não podemos ficar muito tempo nessa Constelação!"
"— É muito arris..."

"— Espera ai!"
"— Será que ela está..."
"— Morta???"

"— Será que eu cheguei..."
"— Tarde demais???"

(O Rei Solar preocupado caminha rapidamente em direção a mulher, se aproximando cada vez mais da sua cama.)

Rei Solar:
— Ei...
— Senhorita?
— Eu vim para te salvar!

(O Rei Solar então, estende a sua mão para tocar no ombro direito dela, curvando lentamente a cabeça ao mesmo tempo para tentar ver o seu rosto e na mesma hora a rara borboleta branca azulada voa.)

Rei Solar:
— SENHORITA???
— EU SOU O...

Princesa Alnitak:
— TE PEGUEI!

(Ela vira o seu rosto para ele instantaneamente com um sorriso maligno e traiçoeiro, o assustando imediatamente assim que ele a toca. Ela vira tão rápido quanto a velocidade da luz.)

Rei Solar:
— O QUE?

(EXPLOSÃO DE CHOQUE)

(O Rei Solar ao tocar o ombro dela, fica grudado por alguns segundos e é lançado para longe, por uma força de repulsão que acaba de passar rapidamente pelo o seu corpo, como uma corrente elétrica de alta voltagem. Isso causa uma grande explosão azul, que clareia toda a cabana, como um raio caindo dos céu vindo de uma poderosa tempestade.)

Pensamento Do Rei Solar:
"— NÃOOOOOOOOOOOOOOOOOOOOOOOOOOOOOOO!"

(O Rei Solar em alta velocidade, atinge a parede da cabana e a destrói completamente caindo por baixo dos escombros. A sua temperatura térmica aumentou. Uma violenta contração muscular contraem todos os seus músculos. Ele tenta respirar mas a sua respiração está ofegante. A sua audição também foi afetada. As suas vistas estão completamente embaçadas e a sua cabeça possuída por uma forte tontura, parecendo até que vai explodir a qualquer momento, enquanto ele caído e assustado, tenta entender o que foi que acabou acontecer. Ele tenta ficar de pé, mas não consegue pois está sem forças e quase imobilizado.)

Pensamento Do Rei Solar:
"— O QUE FOI ISSO???"
"— ELA VIROU..."
"— OLHOU PRA MIM..."
"— E SORRIU!"

"— NA MESMA HORA A BORBOLETA QUE ESTAVA DO OUTRO LADO DO OMBRO DELA VOOU..."
"— E COMO EU ESTAVA COM A MÃO SOBRE O SEU OMBRO DIREITO..."
"— RECEBI UMA GRANDE QUANTIDADE DE DESCARGA ELÉTRICA!"

"— COM O IMPACTO DA DESCARGA ELÉTRICA DE ALTA VOLTAGEM PASSANDO ATRAVÉS DO MEU CORPO, FUI LANÇADO INSTANTANEAMENTE PARA LONGE!"

"— QUE PODER ABSURDO É ESSE???"
"— O MEU CORPO PARECEU QUE IRIA..."
"— EXPLODIR!"
"— SE EU NÃO TIVESSE AGIDO RÁPIDO E FEITO AQUILO..."
"— AGORA EU ESTARIA..."
"— MORTO!!!"

"— ELA COM TODA A CERTEZA!"
"— NÃO É QUEM EU PROCURO!"

(A mulher de longos cabelos brancos azulados, com os seus olhos brilhando na cor azul, se levanta da cama e começa a caminhar sensualmente em direção ao Rei Solar, que ainda permanece caído no chão sobre os escombros. Ele olha para ela confuso, mas só consegue ver a sua fina silhueta se aproximando lentamente, junto com o seu florescente brilho ocular azul.)

Pensamento da Princesa Alnitak:
"— O que???"
"— Ele não morreu???"

(Ela o olha se aproximando lentamente e percebe que ele ainda está vivo e respirando, tentando se levantar.)

Pensamento da Princesa Alnitak:
"— Ele conseguiu sobreviver e resistir..."
*"— A minha **Corrente Celestial**???"*

"— Mas..."
"— Como???"

"— A minha descarga de energia elétrica é mais poderosa do que os raios das tempestades mais poderosas da terra!"

"— MALDITO!"
"— COMO ELE???"

(Ela olha para o piso de madeira da cabana e para imediatamente de caminhar. Há algo de errado! Pois o chão, está completamente eletrificado, com pequenas faíscas eletrostáticas azuis, aparecendo e sumindo, por todos os cantos sobre o piso de madeira. Está escuro, pois com o ataque poderoso, a vela se apagou, mas as faíscas elétricas azuis que estão surgindo e sumindo aos poucos, iluminam o chão da cabana e deixam a mulher de longos cabelos brancos azulados intrigada e completamente confusa.)

Pensamento Do Rei Solar:
"— Essa foi por pouco!"

(O Rei Solar respira ofegante e com o seu velho coração acelerado.)

Pensamento Do Rei Solar:
"— Pelo o poder que ela usou em mim..."
"— Com toda a certeza..."
"— Ela é..."
*"— Uma **Estrela**!"*

"— Eu sei disso porque..."

*"— Todas as Estrelas possuem apenas **um** dos **4 Poderes Primordiais Estelares**!"*
*"— E através desses **4 Poderes Primordiais Estelares**..."*
"— Tudo se torna absolutamente possível!"

"— Desde a criação, manipulação ou aniqui!ação subatômica!"
"— Ou até mesmo..."
"— A manipulação do tempo e da própria realidade!"

"— Tornando assim, nós Estrelas..."
"— Os seres mais poderosos da terra e talvez também..."
"— Os seres mais poderosos de todo o Universo, de todas as Galáxias e de todo o Cosmos!"

*"— Os **4 Poderes Primordiais Estelares** são:"*

*"— **As 4 Forças Fundamentais Da Natureza**!"*
"— Que são elas:"

*"— **Força Gravitacional**!"*
*"— **Força Eletromagnética**!"*
*"— **Força Nuclear Forte**!"*
*"— **Força Nuclear Fraca**!"*

Pensamento Do Rei Solar:
*"— Essas são **as 4 Forças Fundamentais Da Natureza** que regem, governam e reinam, em todo o Universo e em todo o Cosmo Galáctico!"*
"— Inclusive o nosso!"

*"— Cade **Estrela** em nosso universo Galáctico na terra, pode ter apenas **um** desses **4 Poderes Primordiais Estelares!"***
*"— Possuindo o poder apenas de **uma** das **4 Forças Fundamentais Da Natureza!"***
"— E não há como mudá-los ou trocá-los, pois isso está fixado a sua marca e ao seu DNA."

"— Uma Estrela com um desses 4 poderes..."
*"— Pode alcançar até **Dois níveis** de controle deles e das suas habilidades:*

*"— **Nível baixo** que chamamos de: **Afinidade**."*
*"— **Nível alto** que chamamos de: **Controle Absoluto**."*

"— Ou seja..."

*"— Algumas Estrelas, apenas tem **afinidade** com **um** dos **4 Poderes Primordiais Estelares!**"*

"— Podendo apenas controla-los: influenciando, manipulando ou interagindo!"

*"— Já **Estrelas Alphas** que são as mais poderosas, sendo consideradas até como: **Estrelas Divinas.**"*

*"— Possuem o **Controle Absoluto** de **um** deles!"*

*"— Que como o nome já diz, **controla** eles de forma **absoluta** e em seu **nível máximo!**"*

"— Criando, manipulando ou aniquilando!"

"— Resumindo..."

"— Estrelas que..."

*"— Controlam eles no **nível baixo** tem: **Afinidade!**"*

"— E as que..."

*"— Controlam eles no **nível alto** possui o: **Controle Absoluto.**"*

*"— As Estrela quando nascem, geralmente já nascem com a **Afinidade** com **um** dos **4 poderes.**"*

*"— Com algumas mais poderosa já nascendo com o **Controle Absoluto.**"*

"— Isso vai depender muito da sua marca Estelar e da sua quantidade de energia."

*"— Mas, ainda é possivel que Estrelas que tenham nascido apenas com **Afinidade** consigam evoluir e atingir o nível mais alto de **Controle absoluto.**"*

"— Só que isso vai depender da sua evolução Estelar e essa evolução pode ser letal e mortal..."

"— Podendo custar as suas próprias vidas!"

(O Rei Solar olha com os seus olhos embaçados para as faíscas elétricas azuis brilhando no chão na escuridão.)

Pensamento Do Rei Solar:

"— Pela a habilidade que ela acabou de usar em mim..."
*"— O **Poder Primordial Estelar** dela é **Força Eletromagnética!**"*
"— Pois ela usa habilidades elétricas!"

"— Agora eu tenho que descobrir se ela possui..."
*"— **Afinidade** ou o **Controle Absoluto**?"*

*"— Pois se for o **Controle Absoluto** com toda certeza..."*
"— Eu estarei morto, antes mesmo do Sol nascer!"

(O Rei Solar começa as poucos a recuperar a sua visão e a sua energia, enquanto a mulher de longos cabelos brancos azulados ainda olha para o chão, tentando entender o que aconteceu.)

Pensamento da Princesa Alnitak:
"— O chão!"
"— O chão está sobrecarregado de energia!"
"— E essa..."
"— É a minha energia!"
"— A energia que eu descarreguei sobre ele!"

"— Mas..."
"— Como???"

(Ela vira o rosto olhando para trás onde ela estava e vê algo dourado fincado em pé, atravessando o piso de madeira sobre o chão e ao lado da cama.)

Pensamento da Princesa Alnitak:
"— Espera..."
"— Aquela espada!"
"— Aquela espada cravada no chão..."
"— Ela não estava ali quando chegamos aqui!"
"— Quando foi que..."

(A surpresa então toma conta da sua mente.)

Pensamento da Princesa Alnitak:

"— *Entendi...*"
"— *Foi ele!*"

"— *Ele usou a espada como um aterramento, fazendo com que a minha* **Corrente Celestial**..."
"— *Que é a minha descarga elétrica, apenas passasse correndo pelo o seu corpo e descarregasse toda sobre o chão de madeira e por isso ele está energizado!*"
"— *Provavelmente a madeira do piso deve está húmida, por conta da neve e do frio externo!*"

"— *Maldito!*"
"— *Isso explica tudo!*"

"— *Por isso...*"
"— *Os órgãos dele não explodiram na hora, como acontece com todos os outros que eu já matei com a minha* **Corrente Celestial**!"

"— *Ele é mais inteligente e mais rápido do que eu pensava!*"
"— *Conseguindo pensar nisso em milésimos de segundos!*"

(A Princesa Alnitak vira imediatamente para o Rei Solar com os olhos azuis brilhando no escuro, abrindo um grande sorriso sádico, insano e assustador.)

Princesa Alnitak:
— ADOREI!
— SEU MALDITO!
— A DIVERSÃO ESTÁ APENAS COMEÇANDO!

(A Princesa Alnitak lambe os lábios.)

Princesa Alnitak:
— QUE DELÍCIA!
— EM FIM UM OPONENTE DIGNO DE MIM!
— SERÁ UM PRAZER MATÁ-LO!
— E SENTIR O SABOR DO SEU....
— SANGUEEEEEEEEEEEEEEEEEEEEEEEEEEEEEEEEEEEEEE!

(Os olhos dela começam a brilhar mais intensamente na cor azul e faíscas elétricas surgem brilhando pelo o seu corpo.)

Pensamento Do Rei Solar:
"— Pelo o grito que ela acabou de dar, significa que ela já descobriu como eu sobrevivi ao seu poderoso ataque!"
"— Agora, ela virá com tudo!"

(Ele olha para os olhos dela que brilham e sente algo que o assusta.)

Pensamento Do Rei Solar:
"— Os olhos dela!"
"— Os olhos dela são malignos!"
"— Ela deve possuir muito maldade e ódio em seu coração!"

"— Quem é essa Estrela sinistra???"

(O Rei Solar que mesmo ainda estando tonto e com a audição falha, ainda se recuperando lentamente devido ao ataque anterior, consegue se levantar e ficar em pé, mas é surpreendido novamente.)

Pensamento Do Rei Solar:
"— Eu tenho que despista-la e fugir dessa constelação enquanto ainda há tempo!"
"— Mas..."
"— O meu corpo ainda está neutralizado e demorando de se recuperar!"
"— Eu tenho que..."

(Uma pequena Bomba de choque elétrica, circular e azul, vai em direção ao Rei Solar na velocidade do som, ela chegou tão rápido que o seu brilho azul já ilumina todo o seu corpo.)

Pensamento Do Rei Solar:
"— HÃM?"
"— O QUE É ISSO VINDO NA MINHA DIREÇÃO?"

(O tempo parece estar passando devagar, o medo e a surpresa tomam conta da sua mente, ao ver o brilho azul intenso vindo na altura do seu peito, o fazendo temer a poderosa Estrela inimiga que o surpreende mais uma vez.)

Pensamento Do Rei Solar:
"— ISSO É UMA..."
"— UMA BOMBA DE ENERGIA ELÉTRICA???"
"— NÃO PODE SER!"

"— A ESSA DISTÂNCIA EU NÃO VOU CONSEGUIR ME ESQUIVAR A TEMPO!"
"— O MEU CORPO AINDA ESTÁ IMOBILIZADO!"

(A Bomba De Choque Elétrica pulsa, se comprimindo com a gravidade ao fechar da mão direita da Princesa Alnitak.)

Pensamento Do Rei Solar:
"— NÃO!"
"— ELA VAI..."
"— EXPLODIR!"

(O tempo para ambos parece parado.)

Princesa Alnitak:
— TOMA A SUA ESPADA...
—   DE
VOLTAAAAAAAAAAAAAAAAAAAAAAAAAAAAAAAAAAAAAAA!

(A Espada do Rei Solar é lançada, ultrapassando a velocidade do som. Ela a sobrecarregou com energia elétrica, fazendo com que a sua velocidade aumentasse dez vezes mais, passando a velocidade da bomba elétrica e o pegando mais uma vez de surpresa.)

Pensamento Do Rei Solar:
"— O QUE?"
"— A MINHA ESPADA???"

"— ELA LANÇOU A MINHA ESPADA NA MINHA DIREÇÃO TAMBÉM!"

"— QUE VELOCIDADE ABSURDA É ESSA?!"

"— ELA É MUITO IMPREVISÍVEL!"

"— ELA DA UM ATAQUE APÓS O OUTRO, SEM ME DAR A MÍNIMA CHANCE DE PREVÊ-LOS E CONTRA ATACÁ-LOS!"

"— QUEM É ESSA MULHER???"

"— O QUE ELA QUER???"

"— ISSO TUDO FOI UMA ARMADILHA???"

(Som de impacto)

(A espada do Rei Solar o atinge, entrando rapidamente dentro do seu corpo e em um golpe veloz e certeiro, perfura imediatamente o seu coração, o atravessando e ficando cravada dentro dele. Na mesma hora ele grita desesperadamente, sentindo uma dor intensa e aguda, o seu sangue espirra para todos os lados dentro da cabana, caindo também em suas vestes brancas, enquanto a Princesa Alnitak sorrir sadicamente, sentindo prazer pela a dor do seu desespero, já se preparando para dar o seu golpe final. Ele ao ser atingido no coração pela espada, fica travado na parede da cabana com o impacto do poderoso golpe e então o pior acontece, diante do pequeno brilho intenso e azul da Bomba De Choque Elétrica.)

Princesa Alnitak:
— TE PEGUEI!

— AGORA MORRAAAAAAAAAAAAAAAAAAAAAA!
— (EXPLOSÃO DE CHOQUE!)

(A Princesa Alnitak que está a poucas distâncias dele, abre e fecha a sua mão direita com força, ativando assim o seu poder elétrico explosivo e então a bomba começa a se expandir instantâneamente explodindo, causando uma grande destruição.)

Pensamento Do Rei Solar:
"— É o meu fim!"

(EXPLOSÃO DE CHOQUE)

(A pequena Bomba De Choque Elétrica explode em cima do Rei Solar, mas não há fogo, nem chamas e sim uma grande esfera circular azul, que começa a se expandir em questão de segundos, descarregando uma alta vontagem de descarga elétrica sobre ele, o jogando violentamente para fora da cabana, que ficou totalmente destruída com esse ataque expansivo e poderoso. Ele é lançado em alta velocidade rolando e capotando sobre si mesmo pela a neve, com a espada ainda cravada em seu coração, aumentando ainda mais a sua dor e os seus ferimentos, até que ele para, ao colidir com um grande pinheiro, que derruba toda a sua neve sobre a sua cabeça, sobre as suas costas e o sobre seu corpo. A sua pele que está em alta temperatura, devido a alta voltagem da explosão que recebeu, derrete toda a neve que caiu sobre o seu corpo. O cheiro das suas queimaduras de terceiro grau, se espalham por todo o ambiente pela a escuridão e o seu sangue escorre como a água de um riacho vermelho, descendo por sobre a neve.)

Pensamento Do Rei Solar:
"— Eu estou morrendo..."
"— E praticamente sem energia!"

"— A minha marca não vai conseguir me regenerar dessa maneira..."
"— Tudo por causa da eletricidade e da espada encravada em meu coração, que está fazendo com que eu perca muito sangue!"

"— Os ataques dela foram extremamente calculados!"
"— Ela me atacou..."
"— Para matar!"

(O Rei Solar tosse uma alta quantidade de sangue.)

Pensamento Do Rei Solar:
"— Como?"
"— Como eu me deixei enganar quando eu cheguei aqui???"
"— Eu tinha certeza de que ela era uma Planeta Errante e não uma Estrela!"
"— Como ela conseguiu imitar a atração gravitacional fraca de um???"

"— Isso com toda a certeza..."
"— Foi uma armadilha!"
"— Ela ou alguém planejou tudo isso!"

(A Princesa Alnitak, desaparece na nevoa do levantar da neve causado pela destruição, que toma conta da cabana que agora está completamente destruída e a poucos metros de distância. A escuridão da madrugada ainda toma conta do local junto com a baixa temperatura, enquanto isso o Rei Solar, que está caído com o seu corpo totalmente imobilizado, tenta se mover e se apoiar com as costas sobre o grande pinheiro.)

Pensamento Do Rei Solar:
"— A energia elétrica dela me..."
"— Imobilizou por completo!"

"— O meu corpo e os meus músculos não estão obedecendo aos meus comandos!"

(Ele tenta manter a sua respiração mais com muita dificuldade e se lembra da primeira descarga elétrica que recebeu em seu corpo, ao tocar o ombro da mulher de longos cabelos brancos azulados.)

Pensamento Do Rei Solar:
"— No seu primeiro ataque..."
"— Eu havia sentido a mesma coisa!"
"— A energia elétrica dela havia me deixado por alguns segundos imobilizado, sem energia e sem forças!"

"— Exatamente como agora!"
"— Isso tudo por culpa da..."
"— Eletricidade!"

(Ele olha para o clarão de um relâmpago que surge no céu.)

Pensamento Do Rei Solar:
"— A eletricidade pode imobilizar uma pessoa e até um Galáctico..."
"— E isso ocorre principalmente por causa do impacto que ela causa dentro do nosso corpo."

"— Tudo porque quando a corrente elétrica passa pelo o corpo, ainda mais sendo de alta vontagem, ela interfere nos sinais elétricos que controlam os músculos, causando assim fortes constrações musculares..."

"— E em altas intensidades, essa corrente provoca contrações involuntárias e intensas, conhecida com tetania, que pode te empedir de se mover instantaneamente."

"— Em alguns casos, ela pode até nos impedir de soltar o objeto que tocamos ou que seguramos, ainda mais se este for a fonte da descarga elétrica!"

(O céu começa a relampejar sobre as nuvens sobrecarregadas, acendendo e apagando os céus do vale no País Da Constelação De Órion.)

Pensamento Do Rei Solar:
"— Em situações mais grave, essa interferência elétrica de alta voltagem no corpo, pode atingir órgãos vitais, como o coração, pulmões, cérebro e também a nossa marca galáctica!"

"— O efeito disso pode variar entre um leve formigamento, a uma imobilização completa ou até mesmo..."
"— A morte!"

"— Em seu primeiro ataque, eu só não fiquei grudado em seu

ombro totalmente imobilizado ou explodi por dentro, pois consegui descarregar quase toda a energia que recebi no piso de madeira, que já estava úmido e assim se tornou um condutor elétrico, me salvando da morte!"

(Uma brisa gelada toca o rosto do Rei Solar.)

Pensamento Do Rei Solar:
"— Embora..."
"— Ainda haja uma questão!"

"— Se ela possui toda essa potência e intensidade elétrica..."
"— Por que..."
"— Ela lançou uma esfera elétrica explosiva em mim me jogando para fora da cabana..."
"— Ao invés de simplesmente me elétrecutar???"

"— Será que..."
"— Ela não pretende me matar???"
"— O objetivo dela com isso é me imobilizar e me levar vivo???"

(O Rei Solar sente a neve gelada derrentendo e virando água em baixo do seu corpo.)

 Pensamento Do Rei Solar:
"— A neve?!"
"— Ela está derretendo?!"

(Som de trovão.)

Pensamento Do Rei Solar:
"— Isso deve ter ocorrido..."
"— Por conta do calor do ataque dela e também pelo aquecimento do meu..."
"— Corpo!"

"— O ataque elétrico dela aumentou significamente a minha temperatura!"

(O Rei Solar imobilizado e sangrando, olha para os lados

na escuridão durante um relâmpago que acende os céus novamente e então vê muita água da neve derretida escorrendo e derretendo mais ainda a neve ao seu redor.)

Pensamento Do Rei Solar:
  "— Eu estou completamente cercado pela a..."
"— Neve!"

"— E a neve, enquanto ela permanece em cristais de gelo, ela é um isolante e não conduz elétricidade!"
"— Mas..."

"— Apartir do momento em que ela começa a derreter..."
"— Virando água, ela começa a conduz a eletrici..."

(Som de trovão.)

Pensamento Do Rei Solar:
"— NÃO PODE SER!"
"— ELA NÃO PRETENDE ME IMOBILIZAR E ME LEVAR VIVO!"
"— ELA PRETENDE..."

"— ME ELETRECUTAR ATÉ A MORTE!"

"— USANDO A ÁGUA DA NEVE..."
"— DERRETIDA!"

(O Rei Solar vê algumas faíscas elétricas surgindo e sumindo ao seu redor e na sua frente na escuridão. Através disso ele acaba vendo o longo caminho da água criado pela a neve, que derreteu quando ele foi lançado sobre ela em alta velocidade e em alta temperatura corporal.)

Pensamento Do Rei Solar:
"— ELA ME JOGOU AQUI PARA FORA!"
"— PARA NÃO TER COMO EU ESCAPAR!"

"— ELA SABIA QUE O ATAQUE EXPLOSIVO DA SUA BOMBA ELÉTRICA E O ATAQUE DA MINHA ESPADA NO MEU CORAÇÃO, APENAS ME IMOBILIZARIA, MAS NÃO ME MATARIA!"

"— MAS AQUI..."

"— DEVIDO A NEVE QUE ESTÁ DERRETENDO..."

"— AS COISAS SE TORNAM TOTALMENTE DIFERENTES!"

(Dois olhos Estelares azuis se abrem, brilhando intensamente a poucos metros de distância a sua frente na escuridão, junto com muitas faíscas elétricas que piscam e fazem sons de estalos agúdos elétricos, como pequenos raios dentro de uma grande tempestade. O céu relampeja várias e várias vezes, criando diversos relâmpagos com clarões assustadores sobre as nuvens, que nos céus parecem como reações cerebrais e em seguida, diversos trovões são ouvidos a longas distâncias, rugindo como leões galácticos famintos, prontos para devorarem as suas presas.)

Pensamento Do Rei Solar:
"— NÃO PODE SER!"
"— O CÉU ESTÁ..."
"— RELAMPEANDO???"
"— ENTÃO É ISSO!"

"— COMO EU NÃO PERCEBI ISSO ANTES???"

(Um clarão acende o céu, iluminado como se a madrugada já fosse dia e após alguns segundos, um grande estrondo de um trovão é ouvido, pois as nuvens estão altamente sobrecarregadas.)

Pensamento Do Rei Solar:
"— NÃO É ELA QUE VAI ME ELETRECUTAR!"
"— É ELE!"
"— O CÉU ESTÁ SOBRECARREGADO DE MUITA ENERGIA!"

"— ELA VAI USAR UM RAIO PARA ME MATAR!"

(A Princesa Alnitak olha para o céu com os olhos brilhando e então ela levanta a sua mão direita que está a sua marca Estelar, segurando um objeto quase que da sua altura, o levantando aos céus.)

Pensamento Do Rei Solar:
"— AS ROUPAS DELA..."
"— ESSE LONGO VESTIDO FINO E AZUL QUE ELA ESTÁ VESTINDO..."
"— E A PEQUENA COROA EM SUA CABEÇA..."
"— ELA SÓ PODE SER UMA..."
"— PRINCESA OU RAINHA!"

"— SERÁ ELA A RAINHA DESSA CONSTELAÇÃO???"

(O Rei Solar olha para a mão direita dela, enquanto os céus se acendem em raios e trovões.)

Pensamento Do Rei Solar:
"— NÃO PODE SER!"
"— AQUILO NA MÃO DELA É..."
"— UMA..."
"— ALABARDA?"
"— ESSA É A ARMA DE LUTA DELA?!"

"— ESSE TIPO DE ARMA ERA UTILIZADA POR ESTRELAS MEDIEVAIS, A MILHARES E MILHARES DE ANOS-LUZ ATRÁS!"

"— ALÉM DELA POSSUIR UM CABO LONGO COMO UM CAJADO E UMA LANÇA AFIADA EM SUA PONTA INFERIOR..."
"— ELA POSSUI TAMBÉM, O SEU TOPO DUPLO SENDO DE UM LADO UM MACHADO E DO OUTRO UMA LÂMINA SUPER AFIADA!"

"— UM GOLPE COM UMA ARMA DESSAS, PODE ESMAGAR ALGUÉM COM UM LADO OU PARTIR ALGUÉM AO MEIO COM O OUTRO!"

"— ESPERA!"

"— ELA ESTÁ ELETRIFICADA???"

"— ENTÃO, ISSO SÓ PODE SER UMA ARMA GALÁCTICA ESPECIAL?!"

"— ESSE TIPO DE ARMA FUNCIONA IGUALMENTE A MINHA ESPADA SOLAR, NA QUAL CONSEGUE ABSORVER PARTE DO PODER DA MINHA MARCA, AMPLIANDO ASSIM O PODER DOS SEUS GOLPES, TORNANDO-A MIL VEZES MAIS FORTE!"

"— ELA O ELETRIFICOU E ESTÁ ESTENDENDO AOS CÉUS!"

"— ENTÃO..."
"— ESSA É A RESPOSTA DA MINHA PERGUNTA!"

*"— ELA NÃO POSSUI O **CONTROLE ABSOLUTO** DE UMA DAS FORÇAS FUNDAMENTAIS DA NATUREZA!"*
*"— ELA POSSUI SOMENTE A **AFINIDADE** COM ELA!"*

*"— ELA POSSUI **AFINIDADE** COM O ELETROMAGNETIMOS!"*

"— POR ISSO ELA ESTÁ ATRAINDO E MANIPULANDO UM RAIO PARA ME ATINGIR!"

"— ISSO EXPLICA AS SUAS DESCARGAS ELÉTRICAS!"
"— ISSO EXPLICA O USO DESSE TIPO DE ARMA!"

*"— ELA ESTÁ USANDO AQUELA ALABARDA GALÁCTICA PARA AMPLIAR O SEU PODER DE **AFINIDADE**!"*

"— E SE ESSE RAIO ME ATINGIR NAS CONDIÇÕES QUE EU ESTOU, AINDA SOBRE A NEVE DERRETIDA..."
"— COM TODA A CERTEZA EU VOU MORRER..."
"— COM OS MEUS ORGÃOS EXPLODINDO POR DENTRO!"

"— EU TENHO QUE FAZER ALGUMA COISA!"
"— AGORA!"

"— MAS COMO???"
"— COM O MEU CORPO TOTALMENTE IMOBILZADO?!"

(O céu começa a ficar mais agitado, relâmpagos se cruzão

continuamente e trovões são ouvidos por todas as partes e a Princesa Alnitak abaixa a sua cabeça, olhando novamente para o Rei Solar e sorrir sadicamente.)

Princesa Alnitak:
— MORRA!
— (RAIO SUPER BOLTS!)

(Ela então bate no chão em alta velocidade, a parte inferior da Alabarda Galáctica eletrificada, onde fica a ponta da lança que se afunda, ultrapassando a neve e tocando o solo terrestre. Na mesma hora um imenso Raio conhecido como **Super Bolts** de extrema intensidade, começa a rasgar os céus, com uma energia colossal, sendo 100 vezes mais forte e mais potente do que os raios comuns e também, um dos eventos atmosféricos mais raros de todo o planeta terra, que é considerados tão raros quantos diamantes. A energia gerada por esse assombroso poder ao cair, aquece imediatamente o ar, aumentando drasticamente a temperatura e gerando um super brilho intenso azul, com um estrondo sonoro ensurdecedor. Ele atinge violentamente o Rei Solar, como um cataclisma de fúria elétrica, mortal e devastadora, antes mesmo que ele podesse escapar. E ela assiste ele ser eletrecutado até a morte, como se fosse um grande espetáculo da natureza e do universo.)

Princesa Alnitak:
— Esse é o dia, mais prazeroso de toda a minha vida!
— Como isso é majestoso, magnífico e insano!
— Vê-lo tremer até a morte!
— Uma cena digna de uma Estrela celestial e princesa majestosa!

(O poderoso Raio Super Bolt ilumina toda a floresta e derrente toda a neve ao seu redor, enquanto o Rei Solar, sendo atingido por ele, se debate contra o chão violentamente. Os seus ossos aparecem sendo iluminado por dentro da sua pele, contrações musculares brutais são sentidas por todo o seu corpo, o seu coração acelera tão rápido quanto a velocidade da luz, os seus neurônios se acendem, como raios nos céus de uma forte tempestade, o líquido do seu corpo evapora, restando apenas as suas veias e artérias galácticas por dentro dos seus restos mortais, que ainda estão queimando, fazendo com que surja um horrendo fedor de carne queimada, que se mistura com a nevoa e envolve toda a floresta sombria, enquanto o poderoso Raio ainda brilha.)

Princesa Alnitak:
— Rei Deus?

(Ela cospe no chão como um ato de desrespeito a fama do famoso nome "Rei Deus", no qual é conhecido e temido por todo o universo Galáctico.)

Princesa Alnitak:
— Eu esperava mais!

— Adeus...
— Rei Deus!

— Vá para o inferno!

(A Princesa Alnitak começa a rir incontrolavelmente comemorando a sua vitória, enquanto a fumaça dos restos mortais do Rei Solar, sobem para os céus e se misturam com as nuvens. O Raio Super Bolt vai chegando ao seu fim, se desvanecendo a cada segundo, diminuindo a claridade do seu brilho em todo o País Da Constelação De Órion, que volta aos poucos a sua completa escuridão da madrugada.)

Pensamento Da Princesa Alnitak:
"— Tolo!"
"— A sua sentença de morte foi dada, no momento em que você cruzou o meu caminho!"

*"— Estrelas como eu, com apenas a **afinidade**..."*
"— Possuem certas limitações Eletromagnéticas!"

"— *Não podendo criar eletricidade com as nossas próprias marcas...*"
"— *Mas...*"
"— *Podendo manipulá-la!*"

"— *Eu, com toda a minha experiência de combate e de guerra...*"
"— *Transformei o meu próprio corpo em uma bateria ambulante!*"
"— *Com isso, sou capaz de acumular grandes quantidades de energia elétrica em minha marca Estelar...*"
"— *E assim, sou capaz de descarregá-la àa forma que eu bem entender!*"

"— *Dessa forma, eu consigo torturar os meus inimigos psicologicamente, os enganando até a morte!*"
"— *Fazendo-os pensar que eu possuo o* **Controle Absoluto** *e com isso eles tremem de medo, antes mesmo de morrer!*"

"— *Sem pensar ou ter alguma chance de reagir e contra atacar!*"
"— *E quando eles descobrem...*"
"— *Já é tarde demais!*"

"— *Além é claro...*"
"— *Da poderosa Alabarda Galáctica, que aumenta o meu poder de manipulação elétrica em mil vezes mais, aumentando também o meu raio de manipulação...*"
"— *E assim eu consigo manipular até os céus ao meu bel-prazer!*"

"— *A arma perfeita, para uma futura Estrela Rainha perfeita!*"
"— *Que eu já não vejo a hora dela ser, completamente minha!*"

(Enquanto a fumaça sai do corpo do Rei Solar, a água da neve derretida por conta do calor extremo, começa a escorrer por todos os lados ao redor do grande raio de ataque. A Princesa Alnitak então, começa a flutuar sobre a gravidade a poucos centímetros do chão, se aproximando dele lentamente pela a escuridão com os seus olhos brilhando intensamente na cor azul.)

Princesa Alnitak:
— Esse odor!
— Esse cheiro delicioso e sedutor...
— De...
— Morte!

— É fascinante!

— Vamos ver, o quão delicioso ele ficou!

(Ela então chega perto dele, colocando novamente os seus pés sobre o chão e o olha com prazer, frente a frente. O corpo dele está completamente queimado, assim como o carvão fica, após a lenha de pinheiro ser usada para aquecer uma lareira qualquer. Não existe mais cabelos longos e brancos e muito menos a sua barba média e branca. Nem pele. Nem roupas. Pois o seu corpo está destruído e carbonizado. Ele foi consumido pela a alta intensidade da corrente elétrica e pelo o calor intenso do efeito joule, criado pelo o poderoso Raio Super Bolt, que o deixou completamente, desfigurado e irreconhecível.)

Princesa Alnitak:
— HAHAHA!
— Que desperdício saboroso!

— Ele era um Galáctico tão robusto e bonito!
— Mas...

— Fraco!

(Ela acende a sua marca estelar a usando como tocha e o ilumina com a sua luz intensa e azul.)

Princesa Alnitak:
— Rei Deus???
— E eu pensando que você era um oponente digno de toda essa fama!

— Eu mesmo sendo ainda uma Princesa...

— Poderia ter te matado com muito menos do que isso!

— E assisti-lo sofrer lentamente!

— Seria muito mais...

— Prazeroso!

(A Princesa Alnitak bem perto do cadáver, finca a sua Alabarda Galáctica sobre a terra, a deixando em pé, se aproximando mais e mais dele. E então, ela já sobre ele, começa a lamber e a morder os seus próprios lábios sadicamente, os fazendo sangrar e escorrer pela a sua boca. Em seguida ela desce a sua mão esquerda lentamente pelo o seu próprio corpo, se acariciando e se tocando sensualmente, sentindo um imenso prazer ao olhar o estado deplorável, abominável e horripilante do cadáver do famoso, Rei Deus.)

Princesa Alnitak:

— Braços fortes, altura formidável e olhar apaixonante!

— Mas agora, virou pó e cinzas!

— Como isso foi delicioso!

— Vê-lo sofrer e se debater até a morte!

— Que fascinante o calor do prazer que eu estou sentindo agora...

— Isso com toda a certeza, supera a temperatura do meu poderoso Raio Super Bolt!

— Aiiiiii...

— Que delicia!

— Eu queria poder te reviver, para então, poder te matar de novo!

— Só que mais...

— Len-...

— Ta-...

— Men-...

— Te!

— Aiiii...

— Pena que isso não é possí...

Rei Solar:
— TE PEGUEI!

(O Rei Solar tira a mão direita dele de dentro da terra rapidamente e aponta a sua marca Estelar para a Princesa Alnitak.)

Princesa Alnitak:
— O QUE?

(Os olhos da Princesa se arregalão diante do seu grande susto, pois para ela, ele já estava morto. O seu coração acelera instantaneamente, a sua respiração fica ofegante e em questão de milésimos de segundos, por reflexo, a sua marca começa a brilhar com um brilho intenso e azul.)

Rei Solar:
— Me perdoe, Princesa!

(Ela escuta as palavra dele sendo ditas lentamente, pois o tempo nesse momento para ela parece parado.)

Pensamento Da Princesa Alnitak:
"— MAS COMO???"
"— COMO ISSO É POSSIVEL???"
"— ELE ESTAVA MORTO!"

"— O SEU CORPO ESTAVA TOTALMENTE DESTRUIDO!"

"— EU SENTI A ATRAÇÃO GRAVITACIONAL DELE, ANTES DE ME APROXIMAR!"
"— E ELA HAVIA SUMIDO POR COMPLETO!"

"— COMO ELE SE REGENEROU DESSA FORMA???"

"— QUASE QUE..."
"— INSTANTÂNEAMENTE!"

"— ISSO É ..."
"— IMPOSSIVEL!!!"

Rei Solar:
— (Ejeção De Massa Coronal!)

(Clarão)

(O Rei Solar com a marca Estelar dele apontada para a Princesa Alnitak, começa a emitir um grande brilho intenso amarelo, misturado com pequenos raios amarelos que circulam a palma da sua mão direita, em alta velocidade, iluminando novamente toda a floresta, semelhante ao majestoso Nascer do Sol. A Princesa que por reflexo do susto, já havia pegado novamente com as sua gravidade, a sua Alabarda Galáctica, a levantando e se transformando desesperadamente para tentar contra atacar, teme. Ao ver o grande brilho das partículas carregadas com prótons, elétrons e ions, envoltos de um intenso campo magnético, sendo emitidos como plasma solar da marca do poderoso Rei Deus, que são invisíveis a olho nú, mas visíveis aos olhos dos magníficos e poderosos Galácticos.)

Pensamento Da Princesa Alnitak
"— É TARDE DEMAIS!"
"— EU FALHEI?!"

(Uma gota de sangue dos lábios dela que já estão curados, começa a cair no chão lentamente.)

Pensamento Da Princesa Alnitak
"— ELE REALMENTE É..."

"— O REI..."
"— DEUS!"

(Mega Explosão De Plasma Ionizado)

Pensamento Da Princesa Alnitak
"— Eu o subestimei!"

(A Princesa Alnitak sorrir sadicamente para o Rei Solar, antes de ser atingida e lançada violentamente para longe devido a poderosa explosão de energia ionizada e magnética. A mega explosão da ejeção da massa coronal solar, criou uma forte onda de calor e impacto contra o seu corpo, em altas temperaturas e velocidades, fazendo com que ela desmaiasse imediatamente e ficasse completamente desacordada. Ao ser arremeçada para longe, ela atinge diversos pinheiros pelo o caminho sobre o ar, que caem com o impacto do seu corpo e quando ela estava preste a atingir uma grande montanha do vale, que para ela seria fatal devido a sua alta velocidade, um Raio De Luz amarelo aparece, correndo pela a escuridão da densa floresta, com a sua profunda respiração ofegante.)

Pensamento Do Rei Solar:
"— Te peguei!"

(O Rei Solar salva a vida dela a pegando no colo, antes que ela atingisse a grande montanha e então caminhando lentamente, ele a coloca sobre a neve, encostada debaixo de um grande pinheiro. A energia dele que brilhava como um manto amarelo sobre o seu corpo, acaba se apagando por completo. Ele respira ofegante e suando frio, mas se sente feliz, por ter conseguido salvá-la antes da sua morte, mesmo ela sendo uma terrível e poderosa Estrela inimiga. Ele só conseguiu salva-la, porque usou o restante da energia que sobrou, após ter sido convertida através da eletricidade, em um momento crítico e de desespero.)

Pensamento Do Rei Solar:
"— Essa foi por pouco!"

"— Correr a essa velocidade sobre a neve, quase que sem energia foi exaustivo..."

"— Mas..."
"— Valeu a pena!"

"— Eu consegui vencê-la e também, salvá-la.'"

"— Me perdoe Princesa..."
"— Eu não tive outra escolha..."
"— A não ser atacá-la com o meu nível de energia máximo!"

"— Isso fará com que ela acorder só amanhã após o pôr do sol!"
"— Esse será o tempo que a sua marca demorará para se recuperar da alta quantidade e intensidade de elétrons, prótons e ions, que ela recebeu diretamente em seu corpo!"

(Ele cobre a marca dela com a neve.)

Pensamento Do Rei Solar:
"— Irei deixar a mão direita dela enterrada na neve, só por preucação."

"— E agora..."
"— Eu preciso ir!"
"— Antes que mais Estrelas inimigas apare..."

(O Rei Solar se levanta após deixá-la sobre a neve e da três passos para trás, mas cai de joelhos na mesma hora.)

Pensamento Do Rei Solar:
"— Ah..."
"— É mesmo..."
"— Eu já havia me esquecido disso..."

(Ele olha para o seu peito esquerdo.)

Pensamento Do Rei Solar:
"— A Espada!"
"— Ainda está encravada no meu coração!"

(Ele ainda olhando, vê e sente, o seu sangue escorrendo como uma cachoeira pelo o seu corpo nú e fraco.)

Pensamento Do Rei Solar:
"— Tenho que tirá-la e estancar a hemorragia!"
"— Nada que eu já não esteja acustumado!"

(O Rei Solar respira fundo, coloca as duas mãos sobre a empunhadura de sua espada encravada em seu peito e a puxa rapidamente, gemendo com fortes dores agudas, que ferem o seu espirito e até a sua alma. E então ao sair da espada, o seu sangue espirra velozmente, jorrando por todos os lados, pintando de vermelho quente o branco frio da neve.)

Pensamento Do Rei Solar:
"— Por pouco..."
"— Ela não me matou!"

(Ele olha para a Princesa Alnitak desacordada.)

Pensamento Do Rei Solar:
"— Quem será ela?"
"— E por que ela fez tudo isso?"

"— Ela parecia saber quem exatamente eu sou!"
"— Antes mesmo de eu tocá-la dentro daquela cabana!"

"— Até o nome que todos geralmente me chamam na Ilha..."
"— Rei Deus..."
"— Ela falou!"

"— Sendo que para muitos em todo o mundo..."
"— Eu sou apenas uma lenda..."
"— E uma história de esperança para os Planetas Errantes!"

"— Como ela descobriu quem realmente eu era?"

Humano:
— QUEM ESTÁ AI???

(O brilho vindo de uma pequena lamparina ilumina o Rei Solar e a Princesa, que estão sobre o grande pinheiro, perto de uma pequena casa de um velho camponês.)

Humano:
— EU VOU PERGUNTAR SÓ MAIS UMA VEZ!

(Ele segura uma besta de madeira armada com uma flecha, em sua mão e aponta ela para a escuridão da floresta.)

Pensamento Do Rei Solar:
"— É um..."
"— Humano!"

(O Rei Solar permanece em silêncio e olha ao seu redor e vê um cercado de madeira que circula toda a propriedade.)

Pensamento Do Rei Solar:
"— Pelo visto..."
"— Estamos dentro da sua fazenda!"

(O humano caminha até o grande pinheiro com a lamparina em sua mão e com a sua besta apontada. Ele então para, olha ao redor, quase que encostando a lamparina na cabeça do Rei Solar que está de joelhos no chão imóvel, só que o camponês não vê absolutamente nada, somente o sangue vermelho congelado sobre a neve.)

Humano:
— Malditos coiotes!
— Devem ter roubado mais algumas galinhas minhas!
— Infernos!
— Mesmo com toda essa neve repentina e fora de estação, eles vem me pertubar???!

(O velho Humano raivoso volta para o conforto da sua pequena casa e bate a porta.)

Pensamento Do Rei Solar:
"— Essa passou perto!"

(O Rei Solar então tira a sua marca Estelar e a sua espada de dentro da neve.)

Pensamento Do Rei Solar:
"— Os olhos humanos são tão fracos e frágeis, que são incapazes de enxergar todos os espectros de luz e comprimentos de ondas..."

"— E por isso..."
"— Os humanos não conseguem enxergar nós Estrelas!"
"— Eles só conseguem ver..."
"— Somente o nosso brilho, que mesmo assim ofusca fortemente os seus olhos e as suas visões!"

(O Rei Solar acumú-la mais neve sobre a mão da Princesa.)

Pensamento Do Rei Solar:
"— Isso irá protegê-la, até que ela acorde..."

(O Rei Solar levanta do chão, ainda com a sua cicatriz se curando lentamente em seu peito.)

Pensamento Do Rei Solar:
"— Preciso encontrar algumas roupas e ir embora o quanto antes daqui!"

"— Não sei como ainda, depois daquele poderoso ataque dela, não apareceu as Estrelas soldados dessa constelação!"
"— É impossível que eles não tenham visto ou escutado nada!"

"— Apesar que talvez, eles tenham pensado que era apenas mais uma tempestade!"
"— E que tempestade heim!"

(Ele levanta e caminha pela a fazenda do velho camponês, até que encontra algumas roupas de couro estendidas dentro de um velho casebre, ele as pega e deixa algumas Stellas De Ouro como pagamento em seu lugar. Após vestilas, cobrindo assim a sua nudez, ele então sai da fazenda e readentra a densa floresta de pinheiros, voltando caminhando, pelo o mesmo caminho que chegou ao descer o vale, no meio da escuridão da madrugada que está prestes a acabar.)

Pensamento Do Rei Solar:
"— Quem diria que eu voltaria sozinho dessa vez..."

"— Ela foi muito habilidosa e astúta!"
"— Conseguindo me enganar perfeitamente!"

(A poucos metros de distância, ele para e vê a grande destruição causada pelo o combate com a poderosa Estrela Princesa, e nos céus, a grande Coruja Branca De Olhos Azuis ainda voa, batendo as suas asas silênciosamente caçando por sobre as nuvens.)

Pensamento Do Rei Solar:
"— Aquele Super Raio foi o mais poderoso que eu já ví em toda a minha vida Galáctica!"
"— Ele parecia ser, mil vezes mais brilhante dos que os raios comuns!"
"— E a sua temperatura também era tão quente, que ultrapassou até a temperatura da minha marca estelar!"

*"— Ela mesmo possuindo somente a **afinidade** com o Eletromagnetismo, conseguiu fazer tudo aquilo sozinha..."*
"— Quase me matando!"

*"— Imagine as Estrelas que possuem o **Controle Absoluto**..."*
"— O que elas são capazes de fazer!"

"— Se eu não tivesse agido rápido..."
"— E colocado a minha mão direita dentro do solo..."
"— Eu não teria sobrevivido para contar história!"

"— Antes do Raio dela me atingir eu realmente pensei que não teria saída, pois eu estava completamente imobilizado!"
"— Até eu ter a brilhante idéia de usar isso ao meu favor!"

(O Rei Solar volta a caminhar pela a floresta, seguindo o seu caminho de volta, enquanto a neve volta a cair.)

Pensamento Do Rei Solar:
"— A inteligência é o poder mais precioso que um Galáctico pode ter!"
"— E os Galácticos mais fortes, são aqueles que avaliam os seus inimigos minunciosamente antes de contra atacar!"

"— Assim como eu um jogo de xadrez, vence quem conseguir criar a melhor estratégia, no universo dos Galácticos vence, o melhor estrategista!"

(O Rei Solar respira fundo.)

Pensamento Do Rei Solar:
"— O primeiro ataque dela quando toquei o seu ombro, me imobilizou por alguns minutos e havia aumentado a temperatura do meu corpo!"

"— Já o segundo ataque dela com a espada e com a bomba elétrica, foram mais severos..."
"— Me imobilizou por completo, mas também..."
"— Havia aumentado a temperatura do meu corpo..."

"— Exatamente como o ataque anterior!"

"— Isso aconteceu, devido ao que chamamos de..."
"— Efeito Joule!"

(Ele ainda caminhando pela escuridão da floresta, consegue usar a sua marca novamente, recriando uma pequena esfera do tamanho da cabeça de um alfinete, como se fosse uma tocha, iluminando assim o seu caminho com a sua luz intensa e amarela, controlando precisamente a sua intensidade ao mínimo, para não atrair mais inimigos dessa grande constelação.)

Pensamento Do Rei Solar:
"— Efeito Joule, é o fenômeno pelo o qual a energia elétrica é transformada em calor quando uma corrente elétrica passa por

um condutor..."
"— E quanto maior a resistência desse condutor, maior será o calor produzido!"

"— No meu caso, o condutor foi o meu próprio corpo..."
"— E a resistência dele e principalmente a resistência da minha marca, fez com que a minha temperatura aumentasse drasticamente!"

"— Os primeiros ataques dela, serviram para me preparar para o pior que ainda estava por vir!"

(Os passos dele voltam a se afunda sobre a neve macia.)

Pensamento Do Rei Solar:
"— Quando o poderoso Super Raio dela, estava preparado para descer para me atingir ainda imobilizado no chão sobre a neve..."
"— Eu já havia conseguido transforma parte da sua eletricidade dos seus primeiros ataques em calor e com isso, eu canalizei essa pouca energia na minha marca, para conseguir mover por mínimo que fosse, o meu braço direito no momento oportuno."

"— E então..."

"— Assim como eu havia feito com a minha espada, a usando como um aterramento no chão da madeira úmida de dentro da cabana, para desviar e descarregar a corrente de energia elétrica dela que passou pelo o meu corpo..."
"— Eu fiz o mesmo, só que com o meu braço, o colocando abaixo da neve, dentro do solo, no mesmo momento em que ela havia colocado a ponta da sua Alabarda Galáctica também!"

"— As minhas roupas brancas serviram para me camuflar, impedindo que ela visse o meu rápido e desesperado movimento!"

"— Após isso..."
"— O seu Super Raio poderoso me acertou!"
"— E naquela hora, quando eu sentir o seu poder destrutivo..."
"— Eu realmente achei que iria morrer..."

"— Pois, o meu corpo a princípio, não havia conseguido suportar a alta intensidade da sua corrente e muito menos a sua alta temperatura, de tão poderoso e majestoso que ele era."

"— O raio de ataque dele era grande."
"— E ele destruiu por completo, tudo o que estava ao meu redor, inclusive o grande pinheiro em que eu estava apoiado, não sobrando absolutamente, nada!"

"— A metade daquele Super Raio foi consumida pela a terra, porque o meu braço direito estava aterrado dentro dela..."
"— Mas a outra metade..."
"— Consumiu por completo, todo o meu corpo em questão de milésimos de segundos!"

"— Só não conseguiu consumir..."
"— A minha marca!"

(O Rei Solar enfim, chega ao meio do caminho da floresta, refletindo consigo mesmo sobre os acontecimentos recentes, ele continua caminhando, continuamente sobre a neve macia e fria, passando dentre as árvores da densa floresta de pinheiros do País Da Constelação De Órion.)

Pensamento Do Rei Solar:
"— Assim que ele me atingiu, devido ao efeito Joule, ele começou a gerar um calor extremo quase que insuportável para qualquer Galáctico!"
"— A alta resistência do meu corpo não resistiu, mas a minha marca estelar conseguiu resistir, e resistindo então, o absorveu!"

"— E assim, eu canilizei toda a energia da sua intensa corrente elétrica e do seu calor extremo gerado, dentro da minha marca Estelar!"
"— Praticamente a tornando em..."
"— Uma bateria galáctica!"

"— Embora, o meu corpo tenha sido totalmente destruído, eu sabia

que não haveria outra saída, a não ser tentar e arriscar a minha própria sorte e a minha própria vida com isso!"

"— Uma atitude inteligente, mas desesperadora e devido a isso, eu fiquei entre a vida e a morte!"
"— Mas..."
"— O Universo estava ao meu favor!"

"— A marca é o órgão mais vital de um Galáctico!"
"— Ela é a parte mais preciosa de todo o nosso corpo!"

"— O nosso coração pode ser perfurado..."
"— O nosso cérebro pode ser explodido..."
"— O nosso corpo pode ser dilacerado, desmembrado ou destruído..."

"— Mas..."
"— Enquanto ainda houver a nossa marca..."
"— Ainda haverá esperança!"

(Ele olha para a sua marca brilhando e iluminando o local.)

Pensamento Do Rei Solar:
"— A minha marca Estelar escondida, ainda enterrada na terra abaixo da neve, estava sobrecarregada de energia, calor e de magnetismo, que foram criados pela alta intensidade da eletricidade e devido a essa sobrecarga ela já estava prestes a se alto destruir..."
"— E se demorasse mais um pouco, ela teria explodido como uma super bomba nuclear magnética!"
"— Mas antes que isso acontecesse..."

"— A sobrecarga fez com que a velocidade de regeneração do meu corpo através da minha marca aumentasse drasticamente, tornando ela, quase que instantânea, logo após a colisão do Super Raio com o meu corpo e foi justamente isso o que me salvou!"

"— Foi arriscado..."
"— Mas..."

"— Nas condições que eu estava, não havia nada que eu podesse fazer diferente disso!"

"— Foi quando então a Princesa se aproximou de mim..."
"— E eu tinha quase certeza de que ela tentaria arrancar a minha marca, mesmo achando que eu já estivesse morto, pois é isso que Estrelas guerreiras fazem, após vencerem uma batalha ou luta contra outro Galáctico!"

"— Então, eu fiz o que tinha que ser feito para pará-la..."
"— Sem ter que matá-la!"

"— Como a minha marca não podia ficar com toda aquela energia ionizada acumulada..."
"— E muito menos com todo aquele plasma sobrecarregado!"

"— Eu aproveitei a oportunidade após ter sido completamente regenerado e descarreguei nela todo o plasma, reequilibrando assim os meus níveis de energia!"

"— Se fosse qualquer outra Estrela no lugar dela, com toda certeza teria morrido..."
"— Mas..."
*"— Como eu sabia que ela tinha **afinidade** com a Força Fundamental Da Natureza **Eletromagnetismo**..."*
"— Então..."

"— Eu tinha certeza de que..."
*"— Os elétrons presentes na minha **Ejeção De Massa Coronal** ajudariam ela a se recuperar após o meu ataque."*
"— E apenas a faria ficar desacordada momentâneamente durante algumas horas, não causando danos severos a sua marca e nem ao seu corpo!"

(O Rei Solar coça o nariz.)

Pensamento Do Rei Solar:
"— Eu nunca senti tanto poder em toda a minha vida!"
"— Ainda mais vinda de um Raio!"

"— *Eu pude sentir que...*"
"— *Abaixo de mim...*"
"— *Por causa da minha marca...*"
"— *Formou-se uma imensa cratera de energia que podia ceder a qualquer momento...*"
"— *Mas graças ao universo...*"

"— *Só cedeu após eu atacar a Princesa e ser impulsionado para a terra, pois se não...*"
"— *Ela teria visto toda aquela energia acumulada abaixo de mim e assim, teria descoberto o meu plano e se afastado, antes que eu podesse me aproximar e contra atacar!*"

(O Rei Solar olha para os céus do País Da Constelação De Órion e respira fundo.)

Pensamento Do Rei Solar:
"— *Ser um Galáctico envolve muitos sacrifícios!*"
"— *Desde os sacrifícios de tempo, aos sacrifícios de vida!*"

"— *Mas...*"

"— *Ao lembrar dos sorrisos de cada Planeta Errante e dos seus descendentes moradores da Ilha Do Sol...*"
 "— *Cada sacrifício feito por mim...*"
"— *Mesmo que um dia eu morra por isso...*"
"— *Vale a pena!*"

(Som vindo da escuridão da floresta.)

Pensamento Do Rei Solar:
"— *Espera...*"
"— *Que som é esse?*"

(Ele olha para esquerda, para a direita e para atrás.)

Pensamento Do Rei Solar:
"— *Parece está vindo da floresta?!*"

(Som vindo da escuridão da floresta.)

Pensamento Do Rei Solar:
"— Isso parece..."
"— Parece uma..."
"— Caixinha de música???"
"— Mas aqui no meio da floresta???"

(O Rei Solar continua caminhando seguindo o seu caminho, acelerando cada vez mais os seus passos e diminuindo ainda mais o brilho da sua marca.)

Pensamento Do Rei Solar:
"— O que será que é esse som?"
"— Eu não consigo identificar exatamente de onde ele está vindo!"
"— Mesmo com a minha audição aguçada..."

"— Ele parece soar vindo de todos os lados e de todas as direções!"
"— SINISTRO!"
"— Eu preciso me apressar!"

(Som vindo da escuridão da floresta.)

Pensamento Do Rei Solar:
"— ESPERA!"
"— O QUE É AQUILO VINDO A MINHA FRENTE???"

(Ele para de caminhar e desembanha rapidamente a sua Espada em suas mãos e a aponta para a frente do seu corpo.)

Pensamento Do Rei Solar:
"— O que é isso voando???"

(Ele olha para a direita e para a esquerda.)

Pensamento Do Rei Solar:
"— Tem mais uma ali a esquerda!"
"— E ali também a direita!"

(Ele roda assustado em torno dele mesmo dentro da densa floresta, segurando firmemente a Espada em suas mãos, apontando ela para frente do seu corpo. O coração dele acelera e ele soa frio, mais frio do que a temperatura do ambiente ao seu redor.)

Pensamento Do Rei Solar:
"— Não pode ser..."
"— Tem..."
"— Milhares disso aqui?!"
"— Em todas as direções!"

"— Todas estão voando pela floresta, dentre as arvores e ao meu redor!"

"— O que elas são???"
"— O que elas querem???"

(Som vindo da escuridão da floresta.)

Pensamento Do Rei Solar:
"— Espera..."

(Ele aumenta o brilho da sua marca e consegue enxergar um pouco mais distante.)

Pensamento Do Rei Solar:
"— Aquilo é uma..."
"— Uma borboleta???"
"— É isso mesmo???"

(O brilho amarelo da marca dele reflete nas borboletas que voam ao seu redor e ele foca o olhar em apenas uma.)

Pensamento Do Rei Solar:
"— É isso mesmo!"
"— É a mesma borboleta rara, que estava na porta e depois entrou para dentro da cabana!"

"— NOSSA!"
"— QUE SUSTO!"
"— EU QUASE MORRI DO CORAÇÃO!"

(Ele respira ofegante devido ao susto, guarda a Espada na bainha da roupa de couro novamente e continua olhando ao seu redor admirado pela quantidade das belas e rara especíe de borboletas.)

Pensamento Do Rei Solar:
"— São..."
"— Milhare delas!"
"— Como elas são lindas!"

(O Rei Solar olha para todos os lados ao seu redor e vê diversas borboletas branca azuladas voando, batendo as suas asas lentamente, enquanto a neve cai em flocos por todos os lados e o som misterioso continua a tocar, como uma bela e assustadora melodia sonora vinda da escuridão.)

Pensamento Do Rei Solar:
"— Isso é magnífico!"

"— A mistura da cor delas com o ambiente é espetacular!"
"— Aqui dentre os pinheiros deve ser o lar delas!"
"— Provavelmente elas sentiram a temperetura quente do meu corpo..."
"— E assim como a primeira, se aproximaram!"

(As borboletas param de voar, ficando como se estivessem congeladas sobre a gravidade e o tempo.)

Pensamento Do Rei Solar:
"— Ué, por que elas..."
"— Pararam..."
"— De bater as asas???"

(Sussuro.)

Princesa Mintaka:
— (Dança Das Borboletas De Ósmio!)

Pensamento Do Rei Solar:
"— O QUE?"
"— EU ESCUTEI UMA VOZ SUSSURANDO, VINDO DA FLORESTA!"
"— ERA UMA VOZ..."
"— FEMININA?!"

(Algo passa voando na velocidade do som próximo ao rosto do Rei Solar, o cortando no rosto de raspão, fazendo o seu sangue espirrar sobre a neve, mas ele consegue se esquivar por pouco, movendo a cabeça para a esquerda, fazendo com que o objeto passesse direto por ele e acertasse um grande pinheiro que estava em suas costas, que é completamente destruído pela a poderosa força destrutiva da sua velocidade.)

(Som de impacto.)

Pensamento Do Rei Solar:
"— NÃO PODE SER!"
"— AQUILO FOI UMA DAS..."
"— BORBOLETAS???"

"— ENTÃO..."
"— ELAS..."
"— NÃO SÃO INSETOS???"

(Som do grande pinheiro destruído caindo.)

Pensamento Do Rei Solar:
"— QUE PODER ALTAMENTE DESTRUTIVO É ESSE!"
"— CONSEGUIU DESTRUIR AQUELE PINHEIRO, COMO SE ELE NÃO FOSSE NADA!"

(O Rei Solar soa frio paralisado e com o coração na mão, olhando fixamente para as outras borboletas congeladas sobre a gravidade e então a Dança Das Borboletas De Ósmio começa na velocidade do som.)

Pensamento Do Rei Solar:
"— NÃO PODE SER!"

(Som da barreira do som sendo quebrada pelas borboletas.)

Pensamento Do Rei Solar:
"— AS BORBOLETAS…"
"— TODAS ELAS ESTÃO VINDO ME ATACAR EM ALTA VELOCIDADE, TODAS AO MESMO TEMPO!"

(Som vindo da escuridão da floresta.)

Pensamento Do Rei Solar:
"— HAJA O QUE HOUVER…"
"— EU NÃO POSSO SER ATINGIDO POR ELAS!"

"— POIS, SE EU FOR ATINGIDO A ESSA VELOCIDADE…"
"— EU ESTAREI MORTO!"

(O Rei Solar desembanha novamente a espada do sol e a carrega com a sua energia estelar e então, ela começa a brilhar intensamente na cor dourada.)

Pensamento Do Rei Solar:
"— VOU TER QUE ME ESQUIVAR DE TODAS E ACERTÁ-LAS USANDO A MINHA ESPADA SOLAR MAS PARA ISSO…"
"— PRECISAREI AUMENTAR A MINHA VELOCIDADE PARA CONSEGUIR VÊ-LAS E ACOMPANHA-LÁS NO MESMO RITMO!"

"— MAS ISSO, IRÁ CUSTAR TUDO O QUE SOBROU DA MINHA ENERGIA QUE JÁ NÃO É MUITA!"
"— AFINAL, GASTEI MUITA ENERGIA NO COMBATE COM AQUELA ESTRELA PRINCESA!"

"— MAS EU NÃO TENHO OUTRA ESCOLHA!"
"— É LUTAR OU MORRER!"

"— EU PRECISO DESCOBRIR QUEM ESTÁ FAZENDO ISSO E ENCONTRAR UMA FORMA DE CONSEGUIR FUGIR, ANTES QUE A MINHA ENERGIA ACABE POR COMPLETO, DEVIDO AO ALTO GASTO COM A MINHA VELOCIDADE!"

(O corpo do Rei Solar começa a brilhar na cor amarela, devido ao aumento da sua velocidade.)

Pensamento Do Rei Solar:
"— É AGORAAAAAAAAAAAAAA..."

(Som de espada batendo no ferro a cada milésimos de segundos e a floresta escura se acende com as faíscas das colisões.)

Pensamento Do Rei Solar:
"— Consegui acertar algumas e de outras eu conseguir esquivar!"
"— Mas..."
"— Cada ataque que rebato, devido alta velocidade e a força delas, me desequilibra!"
"— Isso não é nada bom!"
"— Fora que a minha energia está sendo consumida mais rapidamente por conta da minha alta velocidade!"

(O Rei Solar aumentando a sua velocidade, consegue ver o ponto em que cada borboleta atingirá o seu corpo e assim ele consegue desviar e contra atacar a tempo, mas a sua energia é limitada e breve irá se esgotar.)

Pensamento Do Rei Solar:
"— Nós Estrelas..."
"— Possuimos muita energia..."
"— Mas..."
"— Ela não é infinitamente infinita!"

(Som de espada batendo no ferro soltando faíscas a cada ataque.)

Pensamento Do Rei Solar:

"— Cada habilidade que usamos, gasta parte dessa energia, que vai diminuindo a cada segundo, continuamente até se esgotar por completo!"

"— Umas habilidades gastam menos..."
"— Outras habilidade gastam mais..."
"— E assim ela pode acabar chegando ao fim..."
"— Causando um grande esgotamento físico..."
"— Sendo nescessário descansar para recarregá-la..."
"— Pois caso contrário, poderá causar a..."
"— Morte!"

"— Evitamos nos transformar por completo, justamente porque as transformações Estelares gasta muita, mais muita energia mesmo, para mantê-las!"

"— Então..."
"— Sábio é o Galáctico que preserva a sua energia!"
"— Pois isso..."
"— Pode lhe custar a vida!"

"— Sem energia, não há regeneração..."
"— Assim como: Sem a marca, não há, vida!"

(Alguns minutos depois...)

(O Rei Solar respira ofegante, enquanto todas as borboleta despedaçadas atingidas por sua espada, voltam a flutuar e a bater as suas asas pela a floresta, o atacando novamente.)

Pensamento Do Rei Solar:
"— ISSO NUNCA ACABA!"
"— EU JÁ ESTOU NO MEU LIMITE!"

"— EU TENTEI FUGIR ABANDONANDO A LUTA MAIS ELAS SEMPRE ME CERCAM POR TODOS OS LADOS!"

"— ESSAS BORBOLETAS..."
"— SÃO MUITO FORTES!"

"— PROVAVELMENTE, ELAS SÃO FEITAS DE ALGUM MATÉRIAL, MAIS FORTE ATÉ MESMO DO QUE O..."
"— METAL!"

"— NESSA ALTA VELOCIDADE QUE ESTOU ATINGINDO ELAS, ASSIM QUE ELAS ME ATINGEM..."
"— CADA UMA QUE REBATO, A DESTRUINDO COM A MINHA ESPADA..."
"— SOLTA UMA FAÍSCA DEVIDO AO IMPACTO..."

"— E ENTÃO, ELAS CAEM NO CHÃO..."
"— MAS APÓS ALGUNS SEGUNDOS, ELAS VOLTAM COMO SE NADA TIVESSE ACONTECIDO!"
"— SE RECONSTRUINDO UMA A UMA!"

(Som de espada batendo no ferro soltando faíscas a cada ataque.)

Pensamento Do Rei Solar:
"— ISSO QUER DIZER..."
"— QUE TEM..."
"— ALGUÉM CONTROLANDO ELAS!"

"— ALGUÉM CAPAZ DE CONTROLÁ-LAS ATRAVÉS DO..."
"— MAGNETISMO!"

(Som de espada batendo no ferro soltando faíscas a cada ataque.)

Pensamento Do Rei Solar:
"— EU ESTOU FUGINDO E ME ESQUIVANDO DE TODAS..."
"— MAS..."
"— EU NÃO VOU CONSEGUIR FAZER ISSO POR MUITO MAIS TEMPO!"
"— EU ESTOU COMPLETAMENTE EXAUSTO!"

"— O MEU CORPO ESTÁ COM CORTES PROFUNDOS POR TODAS AS PARTES!"
"— EU MAL CONSIGO RESPIRAR!"

"— A MINHA MARCA JÁ NÃO CONSEGUE DAR CONTA DA MINHA REGENERAÇÃO E DA MINHA VELOCIDADE!"
"— EU ESTOU NO MEU LIMITE!"

"— A MINHA ESPADA PARECE QUERER FUGIR DA MINHA MÃO DEVIDO A EXAUSTIDÃO E SE NÃO FOSSE A MINHA ENERGIA, EU NÃO CONSEGUIRIA CONTROLÁ-LA!"

"— FORA QUE EU JÁ CORRI ESSA FLORESTA PRATICAMENTE TODA E NÃO VI ABSOLUTAMENTE NINGUÉM!"

"— A MELODIA DA CAIXINHA DE MÚSICA CONTINUA TOCANDO, COMO UMA MÚSICA DE TERROR VINDA DA ESCURIDÃO..."
"— MAS, MESMO OUVINDO CONTINUAMENTE O SOM DELA..."
"— EU NÃO CONSIGO INDENTIFICAR A SUA EXATA LOCALIZAÇÃO!"

(Som de espada batendo no ferro soltando faíscas a cada ataque.)

Pensamento Do Rei Solar:
"— QUEM ESTÁ FAZENDO ISSO?"
"— ALÉM DE SER MUITO PODEROSA..."
"— É MUITO INTELIGENTE TAMBÉM!"

"— POIS ESTÁ CORRENDO SILÊNCIOSAMENTE DE MIM, ASSIM QUE EU ME APROXÍMO..."
"— MANTENDO DISTÂNCIA A CADA PASSO QUE EU DOU..."
"— ME IMPOSSIBILITANDO DE ENCONTRA-LA!"

(Os olhos do Rei Solar brilham intensamente na cor amarela.)

Pensamento Do Rei Solar:
"— JÁ QUE ELA ESTÁ CONSEGUINDO FUGIR, MESMO COM A MINHA ATRAÇÃO GRAVITACIONAL INVISÍVEL..."
"— EU PRECISO DEIXAR A MINHA ATRAÇÃO GRAVITACIONAL NORMAL E CONTINUA PARA ENTÃO, TENTAR ATRAÍ-LA!"

"— QUANDO EU OUVI A SUA VOZ..."
"— ERA UMA VOZ FEMININA!"
"— DEVE SER POR ISSO QUE ELA USA BORBOLETAS EM SEUS ATAQUES!"

"— ELA SABE QUE QUALQUER UMA DAS BORBOLETAS QUE ELA CONSEGUIR COLOCAR DENTRO DO MEU CORPO, PODERÁ SER FATAL!"

"— POIS ATRAVÉS DISSO..."
"— ELA PODE CONSEGUIR MOVER O MATERIAL ESPALHANDO-O POR DENTRO DO MEU CORPO, PENETRANDO OS MEUS ORGÃOS VITAIS..."
"— E TALVEZ ATÉ..."
"— ARRACAR A MINHA MARCA, DISLACERANDO ELA POR DENTRO!"

(O Rei Solar continua correndo, se esquivando e contra atacando pela a densa floresta de pinheiros e as faíscas dos atacaque das raras borboletas em alta velocidade, são vistas por todos os lados e direções.)

Pensamento Do Rei Solar:
"— ESSA É UMA HABILIDADE PERFEITA PARA ASSASSINATOS SILÊNCIOSOS!"
"— E EU SÕ NÃO MORRI AINDA, POIS ESTOU CONSEGUINDO LIDAR COM A SITUAÇÃO, MAS..."
"— SE ELA ME PEGASSE DE SURPRESA EU JÁ ESTARIA MORTO, SEM AO MENOS SABER O QUE TERIA ACONTECIDO!"

"— ELA SÓ PRECISA QUE APENAS UMA PENETRE O MEU CORPO E ASSIM..."
"— TUDO PARA MIM ESTARÁ ACABADO!"

"— COMO SÃO BORBOLETAS DE ALGUM MATÉRIAL SEMELHANTE AO METAL E ELA ESTÁ O CONTROLANDO..."
"— SIGNIFICA QUE ELA É UMA ESTRELA!"

"— E TAMBÉM POSSUI **AFINIDADE** COM A FORÇA FUNDAMENTAL DA NATUREZA..."
"— O ELETROMAGNETISMO!"

(O Rei Solar lutando em combate, fica chocado com o que acaba de descobrir, ao avaliar as habilidades do seu novo e secreto oponente.)

Pensamento Do Rei Solar:
"— NÃO PODE SER!"
"— SERÁ QUE..."
"— É A MESMA PRINCESA???"

"— SERÁ QUE..."
"— ELA..."
"— JÁ ACORDOU???"

(Som de espada batendo no ferro soltando faíscas a cada ataque.)

Pensamento Do Rei Solar:
"— ISSO FAZ TODO O SENTIDO!"
"— SE REALMENTE FOR ELA..."
"— ALÉM DELA CONSEGUIR UTILIZAR A ELETRICIDADE ELA CONSEGUE ÚTILIZAR TAMBÉM O MAGNETISMOS!"

"— SERÁ ENTÃO QUE, EU ME ENGANEI???"
"— E ELA POSSUIA O **CONTROLE ABSOLUTO** DO **ELETROMAGNETISMO** DESDE O INÍCIO???"

"— NÃO!"
"— ISSO É IMPOSSIVEL!"

"— QUALQUER ESTRELA QUE RECEBESSE AQUELA ALTA QUANTIDADE DE PLASMA FICARIA IMOBILIZADA E DESACORDADA POR HORAS!"

"— ESSA COM TODA A CERTEZA..."
"— É OUTRA ESTRELA!"

"— AINDA NÃO SEI SE É MAIS PODEROSA..."

"— MAS COM TODA A CERTEZA..."

"— É MUITO MAIS INTELIGENTE DO QUE A ANTERIOR!"

(Som de espada batendo no ferro soltando faíscas a cada ataque.)

Pensamento Do Rei Solar:

"— ENTÃO..."

"— SE ELA CONTROLA AS BORBOLETAS USANDO O ELETROMAGNETISMO..."

"— SIGNIFICA QUE AQUI HÁ..."

"— UM CAMPO MAGNÉTICO INVISÍVEL!"

(O Rei Solar olha para os movimentos que as raras borboletas estão fazendo e repara que existe um padrão em suas movimentações. Ele as contra ataca e também se esquiva, mas elas continuam o atacando na velocidade do som, umas após as outras, ainda no meio da grande floresta de pinheiros, que já está praticamente toda destruída devido ao grande combate entre ele e as raras borboletas.)

Pensamento Do Rei Solar:

"— REALMENTE!"

"— PARECE QUE..."

"— TODAS AS BORBOLETAS ESTÃO SEGUINDO UMA ROTA DURANTE O SEUS VOOUS!"

"— COMO SE HOUVESSE UM CAMPO MAGNÉTICO POR ONDE ELAS VOAM E EM SEGUIDA ME ATACAM!"

"— MAS SEMPRE SEGUINDO O MESMO PADRÃO E A MESMA ORDEM DE VOOU!"

"— POR MAIS QUE CADA UMA VENHA DE UMA DIREÇÃO DIFERENTE, A ROTA DELAS NÃO MUDA, SÓ ALTERAM O ARCO DOS ATAQUES DAS SUAS POSIÇÕES!"

(A espada do Rei Solar se move para o lado oposto sem que ele a mecha, mas ele a segura com mais força e firmeza.)

Pensamento Do Rei Solar:
"— ENTÃO É ISSO!"
"— SÓ AGORA QUE EU FUI PERCEBER E SENTIR!"
"— QUE AQUI REALMENTE TEM UM CAMPO MAGNÉTICO!"

"— ISSO EXPLICA A MINHA DIFICULDADE DE MANTER A MINHA ESPADA EM MINHAS MÃOS, DESDE O INÍCIO DESSA LUTA!"
"— ESSE CAMPO MAGNÉTICO INVISÍVEL QUE ESTÁ AQUI, ESTÁ INFLUENCIANDO ATÉ NOS MEUS MOVIMENTOS COM ELA!"

"— EU PENSEI QUE ISSO ERA DEVIDO A MINHA EXAUSTIDÃO, MAS NÃO!"
"— É ELE A INFLUENCIANDO, POR ELA TAMBÉM CONTER METAL EM SEU MATÉRIAL DE COMPOSIÇÃO!"

(Som de espada batendo no ferro soltando faíscas a cada ataque.)

Pensamento Do Rei Solar:
"— QUEM ESTÁ UTILIZADO ESSA HABILIDADE COM TODA CERTEZA..."
"— CONSEGUE MANIPULAR CAMPOS MAGNÉTICOS PERFEITAMENTE E COM MUITA PRECISÃO!"
"— DEVE SER ASSIM, QUE ELA CONSEGUE MANTER A ESTABILIDADE DAS BORBOLETAS E TAMBÉM RECONTRUÍLAS APÓS SEREM DESTRUÍDAS!"

"— ELA CONSEGUE CRIAR UM CAMPO MAGNÉTICO DE ALTA INTENSIDADE E POR ISSO AS BORBOLETAS ESTÃO ME ATACANDO EM VELOCIDADE SUPER SÔNICA!"

"— EU PRECISO ACHÁ-LA!"
"— AGORA!"
"— ANTES QUE SEJA TARDE DEMAIS E EU NÃO TENHA MAIS ENEGIA PARA CONTRA ATACAR OU ESQUIVAR DOS SEUS ATAQUES..."

"— E ASSIM, EU ACABE SENDO ATINGIDO POR UMA DESSA BORBOLETAS METÁLICAS E SUPER SÔNICAS!"

(Som de espada batendo no ferro soltando faíscas a cada ataque.)

Pensamento Do Rei Solar:
"— MAS COMO???"

"— A ÚNICA FORMA DE SUPERAR UM CAMPO MAGNÉTICO É..."
"— É SOBREPONDO OUTRO CAMPO MAGNÉTICO POR..."
"— POR CIMA DELE!"

(O Rei Solar esquiva de mais algumas borboletas, que o atacam na velocidade do som e elas criam crateras ao atingirem o chão com a neve.)

Pensamento Do Rei Solar:
"— É ISSO MESMO!"
"— EU PRECISO CRIAR UM CAMPO MAGNÉTICO, MAIS PODEROSO DO QUE O DELA, PARA INFLUENCIÁ-LO E QUEBRAR A SUA INFLUÊNCIA SOBRE ESSAS BORBOLETAS!"
"— ESSE É O ÚNICO JEITO!"

"— MAS FÁCIL É FALAR NÉ..."
"— O DIFÍCIL SERÁ FAZER POIS..."
"— EU NUNCA FUI BOM COM NADA RELACIONADO AO ELETROMAGNETISMO..."

"— MAS..."
"— NÃO CUSTA TENTAR!"
"— É MAIS UMA QUESTÃO DE VIDA OU MORTE!"

(O Rei Solar, começa então a rodar o seu braço em formas circulares com a sua marca brilhando intensamente.)

Rei Solar:
— (Campo Eletromagnético!)

(Ele continua rodando o seu braço com a sua marca e as

borboletas começam a se preparar para atacá-lo novamente em alta velocidade.)

Rei Solar:
— (Campo Eletromagnético!)

(O velho coração do Rei Solar acelera.)

Rei Solar:
— E AGORA???
— NÃO ESTÁ FUNCIONANDO!
— EU NÃO CONSIGO CRIAR UM CAMPO MAGNÉTICO MAIS FORTE DO QUE ESSE!

(Ele olha para as milhares de borboletas que flutuam sobre o campo magnético invisível ao seu redor e automaticamente elas desparam contra ele na velocidade do som.)

Rei Solar:
— E AGORA?
— AS BORBOLETAS VÃO ME ACERTAR!
— EU NÃO VOU SOBREVIVER A ISSO!

(As borboletas quebram a barreira do som com as suas altas velocidades.)

Rei Solar:
— NÃO!
— NÃO!
— NÃOOOOOOOOOOOOOOOOOOOOOOOOOOOOOOOOOO!

Pensamento Da Princesa Mintaka:
"— É A MINHA CHANCE!"
"— ELE NÃO TEM AFINIDADE COM ELETROMAGNETISMO!"
"— ENTÃO, ELE NÃO VAI CONSEGUIR CRIAR CAMPOS MAGNÉTICOS MAIS POTENTES E INTENSOS DO QUE OS MEUS!"
"— É AGORA OU NUNCA!"

(EXPLOSÃO DE IMPACTO)

Pensamento Da Princesa Mintaka:
"— SANTO ÁTOMO!"
"— ELE CAIU!"

"— CONSEGUI!"
"— EU CONSEGUI ACERTÁ-LO DEPOIS DE TANTO TEMPO!"
"— FINALMENTE EU, O MATEI!"

(Um grande cratera é formada pelo o impacto das poderosas borboletas e a nevoa da neve sobe.)

Pensamento Da Princesa Mintaka:
"— COMO ELE ERA FORTE!"
"— NUNCA ALGUÉM DUROU TANTO TEMPO ASSIM!"

"— QUEM SERÁ QUE ELE ERA???"

"— HAHAHA..."
"— EU VOU RIR TANTO DA ALNITAK!"

"— ELA FALA QUE É A MAIS FORTE E EU QUE VENCI!"

"— BRUXA!"
"— EU VENCI!"

"— UHUUUUUUUUUUUUUUUUU!"
"— AS PARTÍCULAS DO MEU CORPO ESTÃO PULANDO DE ALEGRIA!!!"

"— MAS...
"— EU FIQUEI COM UM POUCO DE MEDO DELE AFINAL..."
"— QUE CARA PODEROSO!"

"— NUNCA NINGUÉM AGUENTOU POR TANTO TEMPO O ATAQUE DAS MINHAS BORBOLETAS DE ÓSMIO MAS ELE..."
"— LUTOU FORTEMENTE ATÉ O FIM..."

"— FELIZMENTE ACABOU!"
"— PARA E MIM E PARA ELE!"

(Ela respira ofegante.)

Pensamento Da Princesa Mintaka:
"— Já que ela me disse que a ordem era para matá-lo!"
"— Então..."
"— Eu consegui!"
"— Conclui a missão sozinha!"

"— Eles ficaram orgulhosos de mim!"

"— Quer saber..."
"— Saindo daqui eu vou direto para o meu laboratório!"
"— Tenho que continuar a minha experiência com o buraco de minhoca!"

"— Quero descobri se a dobra no espaço-tempo que o Erwin havia me falado é realmente possivel!"
"— Imagina??????????"
"— Conectar dois pontos distantes curvando o espaço-tempo utilizando uma super gravidade e uma alta quantidade de energia???"
"— Seria incrível!"

"— Imagina???????"
"— Eu sendo a primeira Estrela que conseguiu fazer isso e ainda sobreviveu!"
"— Isso me deixa em extase!"
"— Seria o maior avanço da ciência para nós Galácticos!"
"— Como eu estou ansiosas para concluir isso!"

(A Princesa Mintaka que ainda se movimenta em alta velocidade, faz uma cara de triste e emburrada.)

Pensamento Da Princesa Mintaka:
"— Mas, primeiro eu tenho que resolver o grande problema para conseguir toda a energia nescessaria ou alguma matéria exótica com propriedades negativas!"
"— E ainda existe outro grande problema..."

"— Mesmo que haja possibilidade de criá-lo, como iriamos respirar lá do outro lado quando chegarmos sem oxigênio???"
"— Eis o grande dilema!"

"— AH! Deixa isso para ser resolvido quando eu chegar no meu laboratório!"

"— Aiii..."
"— Acho que eu estou tão exausta que eu nem consigo pensar!"
"— Os meus pés também estão me matando!"

(Ela continua se movimentando, enquanto a melodia da música continua tocando.)

Pensamento Da Princesa Mintaka:
"— Enquanto eu lutava com ele, eu recitei 180 vezes todos os elementos da tabela periódica galáctica!"
"— Inclusive os seus números atômicos, massa atômica, nome de cada elemento e também os seus símbolos!"

"— Eu sempre faço isso para ver quanto tempo durará a luta e essa durou muito mais do que eu esperava!"

"— O máximo que geralmente eu chego em combates é de 60 vezes!"
"— Todos sempre morre logo de início!"
"— Pois com uma só borboleta dentro deles, eu tenho a vida deles em minhas mãos!"

"— Mas esse foi diferente!"
"— Ele é o inimigo mais forte com quem eu já lutei!"

"— Será que levo o corpo dele junto comigo ou não?"
"— Acho que não né, eu estou cansada demais!"
"— Ela me disse que eles orderam que o mastassemos né, não que levássemos o seu corpo conosco..."
"— Então missão cumprida!
"— Ruh Ruh Ruh!"

(A Princesa Mintaka sorrir sozinha.)

Pensamento Da Princesa Mintaka:
"— Vou só sentir a energia de atração gravitacional dele, para ter certeza de que ele realmente está morto!"
"— Desde que ele caiu, não houve se quer um movimento sobre os meus campos magnéticos, mas eu tenho que ter certeza!"

(Os olhos da Princesa Mintaka brilham intensamente na cor azul.)

Pensamento Da Princesa Mintaka:
"— Pelo visto..."
"— Ele está..."
"— Mortinho!"
"— A atração gravitacional dele desapareceu por completo!"

"— Isso significa que ele passou dessa para uma melhor ou seja..."
"— Virou pó de estrelas!"
"— Ruh Ruh Ruh!"

"— Então..."
"— Eu acho que eu já posso parar de dançar não é mesmo???!"
"— Ele já morreu, mas nenhum inimigo apareceu!"
"— E não há nenhuma atração gravitacional desconhecida por perto!"
"— É hora de recolher tudo!"

"— Tadinho..."
"— Ele até que era bonitinho..."
"— Tirando aquelas roupas de couro horríveis que ele usava!"
"— Mas..."
"— Eu..."
"— Não tive escolhas..."

"— Ninguém mandou invadir a constelação dos outros sem autorização..."
"— E ainda tentar matar um dos nossos?"

"— Que desaforo!"
"— Sorte que ela me avisou a tempo!"
"— Agora vou me preparar para rir da cara dela!"

Princesa Mintaka:
— Venham minhas queridas Borboletas...
— Venham...
— Graças a mim e a vocês vencemos um poderoso oponente!

(A Princesa Mintaka com a sua marca, mexendo-a levemente para a esquerda e para a direita usando o seu magnetismo, abre a sua grande bolsa feita com fibra de níquel, que está flutuando ao seu lado, a poucos centimetros do chão sobre a neve e após isso, todas as suas borboletas começam a se aproximar batendo as suas asas, flutuando sobre o seu campo magnético e entrando dentro da grande bolsa. Ela faz um sinal apontando dois dedos em direção ao céu noturno acima da sua cabeça e traz os dois dedos novamente para sí, e assim, a sua pequena caixinha de música aparece, flutuando sobre o campo de combate, envolta de um campo magnético invisível. E após esse sinal, a caixinha volta flutuando em sua direção, ainda tocando a sua melodia sombria e assustadora. Quando ela chega próximo a Princesa, ela a pega e a desliga, girando uma pequena chave de corda no sentido contrário, fazendo com que ela pare de tocar e entre flutuando também dentro da grande bolsa de fibra de níquel, junto com as suas raras borboletas de ósmio.)

Pensamento Da Princesa Mintaka:
"— Falta pouco para todas entrarem na bolsa!"
"— E pelo o visto o sol já já vai nascer!"
"— Vou começar a diminuir os meus movimentos da dança!"

(A barriga dela então ronca.)

Pensamento Da Princesa Mintaka:
"— Santo Átomo!"
"— Essa luta toda me deu uma baita fome..."

"— E com essa fome que eu tô, eu acho que eu comeria até um Elefante Galáctico!"
"— Será que a Estrela Rainha Agata Da Pistola do País Da Constelação Da Águia, me daria um???"
"— Ruh Ruh Ruh!"
"— (Riso)"

(Todas as Borboletas entram dentro da bolsa da Princesa Mintaka, e então ela com os seus olhos e a sua marca brilhando intensamente na cor azul, remove um imenso campo magnético que estava ao redor do campo de batalha e após isso ela para de dançar lentamente. Ela se alonga estigando os braços, as pernas e estralando os dedos e boceja.)

Pensamento Da Princesa Mintaka:
"— Isso foi cansativo!"
"— E eu gastei muita energia..."
"— Mas enfim, acabou!"

(Ela molda uma alça na bolsa de fibra de níquel usando o magnetismo e a pega tentando levantá-la do chão.)

Pensamento Da Princesa Mintaka:
"— Credo que bolsa pesada!"
"— Sou obrigada a carregar isso não!"
"— Eu heim!"
"— Santo Átomo!"

"— Cade o Saiph para carregá-la para mim quando eu preciso?"

"— Ah quer saber, vou deixa-la aqui, depois ele vem buscar e a leva!"
"— Não vou gastar o que sobrou da minha energia usando o meu poder para levá-la para o castelo!"

"— O pior da minha habilidade é isso..."
"— Eu não consigo me locomover com todo esse peso externo, próximo a velocidade da luz!"

"— Fazer o que né?"
"— Nem todas as Estrelas são como a minha mamãe!"

"— Estamos tão longe de lá, que mesmo sem a bolsa, acho que não vou aguentar nem chegar!"
"— Quer saber?"
"— Acho que vou aproveitar e passar na aldeia do sul para comer e descansar!"
"— Aqueles pãezinhos açucarados maravilhosos, vão me ajudar a recuperar a minha energia gasta!"
"— E se tiver um rum pra acompanhar melhor ainda!"

(Ela aponta a sua mão direita para a sua bolsa e então fecha os seus dedos, criando um campo magnético ao seu redor, para protegê-la enquanto ela está longe. Ela então se prepara para começar a flutuar sobre a gravidade, com os seus olhos e sua marca brilhando na cor azul intensa.)

Pensamento Da Princesa Mintaka:
"— Hora de ir para casa e avisar os soldados para virem tirarem o corpo!"

"— Se eles fossem tão fortes quanto o Saiph, eu já pediria para eles levarem a minha bolsa, mas são todos fracotes!"
"— Precisa de cinco deles para carregá-la!"
"— Enquanto o Saiph carrega sozinho!"

"— Melhor eu pedir para ele mesmo!"
"— Claro! Se ele não estiver em missão né!"

(Raio De Luz.)

(Som de espada)

Rei Solar:
— Parada ai...
— Senhorita!

(O Rei Solar coloca a espada no pescoço da Princesa Mintaka.)

Pensamento Da Princesa Mintaka:
"—O QUE?"
"— NÃO!"
"— NÃO PODE SER!"

"— DE QUEM É ESSA VOZ???"
"— ESTÁ ATRÁS..."
"— DE MIM???"

"— ESSA ENERGIA SURGIU..."
"— DO NADA!"
"— MAS, COMO???"

"— NÃO HAVIA ABSOLUTAMENTE NINGUÉM COM A ENERGIA GRAVITACIONAL DESCONHECIDA OU POR PERTO NO RAIO DE UM KILOMETRO, QUANDO EU DESATIVEI O MEU CAMPO MAGNÉTICO!"

(A Princesa olha lentamente para trás e o seu coração acelera.)

Pensamento Da Princesa Mintaka:
"— NÃO PODE SER!"
"— É..."
"— ELE?"
"— MAS..."
"— ELE ESTAVA MORTO!"
"— EU TENHO CERTEZA!!!"

(Os flocos de neve cai sobre os dois e a grande Coruja Branca De Olhos Azuis continua voando sobre as nuvens acima de suas cabeças.)

Rei Solar:
— Eu sabia que se eu não tomasse uma atitude drástica você não iria aparecer!
— E então aquilo nunca acabaria, até eu morrer por exaustidão e cansaço...
— Ou sem energia!

— Mas...
— Enfim…
— Agora acabou!
— E eu te encontrei!

(O Rei Solar encosta a lâmina da espada mais perto do pescoço da Princesa Mintaka.)

Princesa Mintaka:
— MAS...
— MAS...
— EU SENTI A SUA ENERGIA DE ATRAÇÃO GRAVITACIONAL!
— REALMENTE VOCÊ ESTAVA MORTO!
— COMO ISSO É POSSÍVEL?

Rei Solar:
— Não sentir a energia de atração gravitacional de alguém, não quer dizer que necessariamente esse alguém, esteja morto!
— Aprenda isso Princesa!

(A Princesa Mintaka começa a suar frio confusa, temendo o seu poderoso e inteligente adversário.)

Princesa Mintaka:
— EU EM TODO A MINHA VIDA COMO CIENTISTA...
— NUNCA VÍ ISSO ACONTECER!

— A ENERGIA DE ATRAÇÃO GRAVITACIONAL...
— É, IMUTÁVEL!
— TODOS OS CORPOS POSSUEM ENERGIA GRAVITACIONAL!

— NÃO TEM COMO DIMINUÍ-LA A PONTO DE REMOVÊ-LA POR COMPLETO, SEM QUE ELA ENFLUENCIE OS OUTROS CORPOS AO SEU REDOR GRAVITACIONALMENTE!

— AINDA MAIS SENDO A ENERGIA GRAVITACIONAL DE UMA ESTRELA, QUE POSSUI A SUA MASSA, MUITO MAIOR DO QUE MUITOS CORPOS E OBJETOS!

— ENTÃO, NÃO TEM COMO DEIXÁ-LA INVISÍVEL!

— ISSO NÃO É CIÊNCIA!
— ISSO É...
— LOUCURA!
— ISSO É...
— IMPOSSÍVEL!

Rei Solar:
— Impossível?

(O Rei Solar sorrir.)

Rei Solar:
— Impossível...
— pode até ser...
— Para alguns...
— Mas não...
— Para mim!

(A Princesa soua frio com a espada solar em seu pescoço.)

Pensamento Do Princesa Mintaka:
"— ELE ME ENGANOU???"
"— COMO EU FUI CAI NA ARMADILHA DELE???"

"— QUER DIZER QUE..."
"— ELE SÓ ESTAVA FINGINDO NA HORA QUE ESTAVA TENTANDO CRIAR UM CAMPO MAGNÉTICO???"

"— ENTÃO, FOI POR ISSO QUE ELE FALOU BEM ALTO QUE NÃO ESTAVA CONSEGUINDO CRIÁ-LO???"

"— SÓ PODE TER SIDO ISSO!"
"— AGORA SIM, TUDO FAZ SENTIDO!"

"— ELE FALOU GRITANDO PARA MIM ESCUTAR E ENTÃO ELE ME ENGANAR CONSEGUINDO FUGIR DENTRE AS ÁRVORES NO MOMENTO DO MEU ATAQUE!"

"— DIMINUINDO ENTÃO A SUA ATRAÇÃO GRAVITACIONAL…"
"— FICANDO PRATICAMENTE INVISÍVEL PARA QUE EU NÃO O SENTISSE E ASSIM PENSASSE QUE ELE HAVIA MESMO MORRIDO!"

"— ELE É UM GÊNIO!"

"— ELE ME ENGANOU…"
"— E EU…"
"— CAI COMO UMA PALHAÇA!"

"— MAS, COMO EU NÃO SABIA DISSO???"
"— COMO ELE CONSEGUIU ESCONDER A MASSA ESTELAR DA SUA MARCA E DO SEU CORPO???"

"— UMA CIENTISTA COMO EU DEVERIA SABER QUE DEIXAR A ATRAÇÃO GRAVITACIONAL INVÍSIVEL ASSIM É POSSIVEL!"

"— SERÁ QUE O ERWIN SABE DISSO E NUNCA ME CONTOU???"
"— A NÃO!"
"— EU VOU MATAR ELE!"
"— DEPOIS VEM DIZER QUE ME AMA!"
"— QUE ABSURDO!"

"— ESPERA AI!"
"— TALVEZ O ERWIN TAMBÉM NÃO SAIBA DISSO!"

"— ENTÃO…"

"— EU, PRECISO ESTUDÁ-LO!"
"— EU PRECISO CAPTURAR ESSA ESTRELA E LEVÁ-LO PARA O MEU LABORATÓRIO E COM ISSO EU POSSO FAZER ALGUMAS EXPERIÊNCIAS CIENTÍFICAS USANDO O SEU CORPO!"

"— SANTO ÁTOMO!"
"— ÓTIMA IDÉIA!"
"— SERIA O MAIOR AVANÇO DA CIÊNCIA PARA NÓS GALÁCTICOS!"

"— MAS…"

"— PARA ISSO..."

"— EU PRECISAREI DO SEU CORPO..."
"— VIVO OU MORTO!!!"

(A Princesa Mintaka meche dois dedos da sua mão direita, mas o Rei Solar percebe e então aproxíma mais a espada do seu pescoço.)

Rei Solar:
— Não mecha a sua marca Senhorita!
— Ou eu não terei piedade!

(Ela para imediatamente furiosa.)

Princesa Mintaka:
— O QUE VOCÊ ESTÁ FAZENDO AQUI???
— O QUE VOCÊ QUER EM NOSSA CONSTELAÇÃO???
— POR CAUSA DESSE SEU ATO IMPRUDENTE DE INVASÃO, INDEPENDENTE DA CONSTELAÇÃO QUE VOCÊ SEJA...
— A NOSSA CONSTELAÇÃO NÃO DEIXARÁ BARATO!
— E VOCÊ INICIARÁ UMA GUERRA!

— E NÓS TEMOS GUERREIROS ESTRELAS O SUFICIENTE PARA DIZIMAR TODO O SEU POVO!
— É ISSO QUE VOCÊ QUER???

Rei Solar:
— Eu vim em paz Senh...

Princesa Mintaka:
— (ATRAÇÃO MAGNÉTICA!)

(A Princesa Mintaka usando o seu poder magnético, empurra a Espada do Rei Solar para longe do seu pescoço, pula para longe dele e ao mesmo tempo ela traz a espada dele junto consigo usando o seus magnetismo.)

Pensamento Do Rei Solar:
"— NÃO!"

"— ELA SE ARRISCOU MESMO COM A MINHA ESPADA EM SEU PESCOÇO, PULOU PARA LONGE SE AFASTANDO DE MIM..."
"— E LEVOU A MINHA ESPADA COM ELA!"
"— ELA AGIU TÃO RÁPIDO QUE EU NÃO PUDE FAZER NADA!"

Princesa Mintaka:
— Apontar uma Espada de ouro, que possui metais em sua composição para mim não é uma ideia muito inteligente da sua parte!

(O Rei Solar olha para ela preocupado.)

Pensamento Do Rei Solar:
"— O pior que eu sei disso!"
"— Mas..."
"— Eu já estou sem energia e por isso ela conseguiu pegá-la!"

"— Mas se não fosse isso..."
"— Como a minha espada é uma arma galáctica, se ela estivesse ativada com a minha energia, ela não teria conseguido atraí-la tão facilmente!"

"— Ou seja, sem energia eu não sou nada!"
"— Ainda mais contra uma Estrela poderosa como essa!"

(A Princesa Mintaka a poucos metros de distância do Rei Solar, acende novamente a sua marca e os seus olhos brilham na cor azul intensa e então a sua bolsa volta a se abrir, liberando novamente as suas raras borboletas que voltam a bater as suas asas.)

Pensamento Do Rei Solar:
*"— REALMENTE, ELA POSSUI **AFINIDADE** COM O ELETROMAGNETISMO E UTILIZA CAMPOS MAGNÉTICOS!"*
"— EU ESTAVA CERTO!"

(A marca da Princesa Mintaka emite um grande brilho intenso e azul, iluminando todo o ambiente, o refletindo-o em suas borboletas e criando novamente um grande campo magnético ao redor do campo de batalha sobre a neve.)

Princesa Mintaka:
— Agora eu vou te matar!

(A iluminação emitida por ela, revela a sua bela aparência. Longos cabelos brancos azulados. Um longo vestido de seda fino na cor azul bebê. Uma pequena coroa em sua cabeça. Todos esses detalhes surpreendem o Rei Solar, o deixando intrigado, confuso e assustado, diante da poderosa Estrela Azul, que o olha rodeada de raras borboletas que parecem brilhar no escuro.)

Pensamento Do Rei Solar:
"— NÃO PODE SER!"
"— ISSO É IMPOSSÍVEL!"

"— ESSE VESTIDO LONGO E AZUL!"
"— ELA É..."

"— A MESMA QUE ME ATACOU DA PRIMEIRA VEZ?!"

(O Rei Solar teme ao ver o rosto da Princesa novamente.)

Pensamento Do Rei Solar:
"— EU PENSEI QUE ERA OUTRA ESTRELA!"
"— MAS..."
"— PELO O QUE VEJO NÃO!"

"— EU TINHA CERTEZA DE QUE..."
"— EU HAVIA DERROTADO ELA!"
"— COMO ELA JÁ SE RECUPEROU TÃO RÁPIDO???"
"— COMO???"

"— ELA..."
"— DEVE SER MUITO MAIS PODEROSA DO QUE EU IMAGINAVA!"

"— PROVAVELMENTE EU ME ENGANEI SOBRE AS SUAS HABILIDADE E SOBRE O SEU PODER!"

"— ELA DEVE SER UMA ESTRELA COM O **CONTROLE ABSOLUTO**!"

"— POIS SÓ ASSIM, PARA ELA TER SUPORTADO TODA A MINHA **EJEÇÃO DE MASSA CORONAL** COM A MINHA ENERGIA NO NÍVEL MÁXIMO E AINDA CONSEGUIR SE LEVANTAR E USAR NOVAMENTE O SEU PODER DESSA FORMA COM ESSAS RARAS BORBOLETAS!"

"— E PELO O QUE VEJO...
"— ELA AINDA TEM ENERGIA SUFICIENTE PARA MAIS UM LONGO COMBATE!

(Ela atrai novamente com sua mão direita, a pequena caixinha de ferro magnetizada que sai de centro da bolça.)

Pensamento Do Rei Solar:
"— HÃM???"
"— O QUE É AQUILO EM SUA MÃO???"
"— POR QUE ELA ESTÁ GIRANDO?"

(Som de caixinha de música.)

Pensamento Do Rei Solar:
"— ENTÃO É DAQUILO QUE VINHA AQUELA MÚSICA ASSUSTADORA QUE EU OUVIA POR TODA A FLORESTA???"
"— O QUE???"
"— ELA ESTÁ LEVITANDO MAGNETIZADA ATÉ OS CÉUS???"
"— ENTÃO FOI POR ISSO QUE EU NÃO A ENCONTREI!"

Princesa Alnitak:
— TOMA ISSOOOOOOOOOOOOOOOOOOOOOOOOOO!
— (Punho Elétrico!)

(Som de impacto)

(Explosão Elétrica)

Pensamento Do Rei Solar:
"— O QUE?"

"— FUI ATINGIDO PELA LATERAL???!"

(O Rei Solar é lançado para longe em alta velocidade, devido ao grande impacto do punho eletrificado em seu rosto. Ele rola violentamente sobre a neve, capotando sobre si mesmo e só para, ao atingir uma pequena casa que fica dentro da fazenda de um velho camponês.)

Pensamento Do Rei Solar:
"— Ai!"
"— ESSA DOEU!"

"— COMO ELA CONSEGUIU SE MOVER TÃO RÁPIDO, SEM EU NEM CONSEGUIR VER???"

"— E QUE TIPO DE GOLPE FOI AQUELE???"
"— SINTO O MEU ROSTO COMPLETAMENTE ADORMECIDO!"

"— AO MESMO TEMPO QUE EU FUI ATINGIDO, PARECE QUE EU RECEBI UMA DESCARGA ELÉTRICA!"

(O Rei Solar caído dentro da casa, olha para o seu lado direito.)

Humano:
— DIABOS!!!
— O QUE ESTÁ...
— ACONTEC...

(O velho camponês deitado sobre a sua cama, abre os olhos assustado e fica paralisado, ao ver o grande brilho amarelo sobre o seu chão e a sua casa destruída. O susto foi tão grande, que ele acabou urinando em suas próprias roupas, como uma pequena criança.)

Pensamento Do Rei Solar:
"— ESSE É!"
"— AQUELE MESMO HUMANO QUE EU HAVIA VISTO!"
"— EU PRECISO TIRÁ-LO DAQUI!"
"— AGORA!"

(O velho camponês ainda paralisado sobre a cama, olha para o grande brilho amarelo.)

Rei Solar:
— Me perdoe meu bom Senhor por te acordar assim!
— Eu sou uma Estrela e por isso o Senhor não consegue me enxergar!
— No momento eu estou no meio de um combate!
— Então fuja daqui o quanto antes!
— Mas eu prometo para o Senhor, que todas as suas perdas aqui seram restituídas por mim!
— Não se preoc...

(Uma rara borboleta atravessa a cabeça do velho camponês na velocidade do som e o seu sangue junto com o seu cérebro em pedacinhos, respingma e caindo sobre o rosto do Rei Solar.)

Pensamento Do Rei Solar:
"— Não pode ser!"
"— Ele..."
"— Foi..."
"— Morto?!"

(O Rei Solar olha tristemente horrorizado para os resto mortais da cabeça do velho camponês, enquanto a borboleta que o matou vem em sua direção e na mesma hora diversas outras raras borboletas aparecem, perfurando o velho camponês facilmente e por completo, o atravessando brutalmente e voando em alta velocidade em direção ao Rei Solar.)

Pensamento Do Rei Solar:
"— Pobre Senhor!"
"— Ela matou um inocente da sua própria constelação a sangue frio!"
"— A troco de nada???"

(Os olhos do Rei Solar se acendem de raiva, brilhando

intensamente na cor amarela e em um giro deitado em alta velocidade, ele consegue se esquivar de todas as raras borboletas, que passam direto por ele, atravessando a parede da pequena casa, que já está quase toda perfurada e destruida.)

Pensamento Do Rei Solar:
"— Pobre Senhor!"
"— Ele não tinha culpa de nada!"

(O Rei Solar olha para o teto destruído e vê algo brilhando caindo em alta velocidade.)

Pensamento Do Rei Solar:
"— ELA ESTÁ VINDO ME ATACAR..."
"— POR CIMA!"

Princesa Alnitak:
— MORRAAAAAAAAAAAAAAAAAAAAAAAAAAAAAAAA!

(A Princesa Alnitak com a Alabarda Galáctica eletrificada em suas mãos, cai em alta velocidade dos céus, pronta para atingir um golpe certeiro no Rei Solar com a sua poderosa lâmina afiada e eletrificada.)

Pensamento Do Rei Solar:
"— COMO ELA FICOU TÃO RÁPIDA ASSIM???"
"— ELA JÁ ESTÁ COM AQUELA ARMA GALÁCTICA DE NOVO, ENTÃO ELA PRETENDE ME FATIAR AO MEIO OU..."
"— ME ELETRECUTAR DE NOVO!"

"— OS SEUS OLHOS..."
"— A RAIVA DELA DE MIM ESTÁ TÃO GRANDE, QUE ATÉ A EXPRESSÃO FACIAL DELA MUDOU!"
"— ELA PARECE ATÉ ESTÁ MUITO MAIS FORTE DO QUE ANTES!"

"— EU PRECISO DE MAIS ENERGIA!"
"— SE NÃO..."
"— EU NÃO TEREI CHANCE!"

(Som de impacto)

(Explosão Elétrica)

(A Princesa Alnitak atinge o chão em alta velocidade, destruindo tudo como um raio poderoso vindo dos céus, partindo o chão da casa ao meio e eletrificando tudo ao seu redor. O Rei Solar que pulou tentando se esquivar no momento do poderoso ataque dela, é jogado para fora da casa destruida em alta velocidade pela grande explosão elétrica.)

Pensamento Do Rei Solar:
"— Essa foi por pouco!"
"— Se eu não tivesse pulado na hora certa..."
"— Aquele golpe com toda a certeza..."
"— Teria me partido ao..."

(Ele caído sobre a neve, olha para o seu pé direito e o vê partido em dois, inclusive os seus ossos estão partidos, do pé, até a altura do seu joelho. O seu sangue está escorrendo como uma cachoeira novamente, sobre a neve branca e o seu coração bate em alta velocidade. Ele deita sobre a neve olhando para as nuvens no céu, enquanto os flocos de neve ainda caem.)

Pensamento Do Rei Solar:
"— A Coruja ainda está caçando!"
"— E provavelmente..."
"— Eu sou a sua caça!"

(Ele respira fundo com uma grave hemorragia.)

Pensamento Do Rei Solar:
"— Pobre Senhor..."
"— Me perdoe por eu não ter conseguido te salvar a tempo!"
"— Foi tudo culpa minha!"
"— Eu não consegui iluminar, a sua escuridão!"

(Os olhos do Rei Solar se enchem de lágrimas e elas começam a escorrer pelo o seu rosto, se congelando antes mesmo de tocar o chão.)

"Lembranças Do Solar:"

Solar:
— Eu com a minha "Marca De Sangue" aberta e exposta diante dos seus olhos!

— Prometo que guardarei todas as suas palavras de sabedoria!
— Dentro da minha mente!
— E dentro do meu coração!
— E assim eu serei a luz na escuridão!

— Eu selo esse pacto de sangue Galáctico, com a minha marca e o meu sangue!
— Selando essa aliança, fechando e abrindo a minha mão direita!
— Com a minha "Marca De Sangue" Regenerada!
— Diante dos seus olhos!

Pensamento Do Rei Solar:
"— O Paradoxo do Sol!"
*"— **O Sol pode iluminar a escuridão dos outros, mas não pode iluminar, a sua própria escuridão!**"*

"— Eis o meu grande dilema!"

"— Como eu vou salvar os outros..."
"— Se eu não consigo nem salvar a mim mesmo?"

"— Como evitar o ciclo do ódio, vencendo oponentes, que anceiam continuamente pela a sua morte???"
"— Está cada vez mais díficio lidar com tudo isso sozinho!"

"— Lutar sem matar..."

"— É muito mais difício do que eu pensava e imaginava!"

(Som de caixinha de música.)

Pensamento Do Rei Solar:
"— A melodia da morte começou a tocar novamente em meus ouvidos!"

Princesa Mintaka:
— É hora do ataque final!

Pensamento Do Rei Solar:
"— Se eu tivesse fugido..."
"— No momento em que eu vi a primeira rara borboleta na maçaneta da porta..."
"— Nada disso teria acontecido!"

"— Eu só não estou sentindo dor agora..."
"— Por causa da eletricidade dela, que imobilizou por completo do meu joelho direito para baixo ao parti-lo ao meio!"

"— Mas há algo que me dói profundamente agora!"
"— Que é lembrar e sentir..."
"— O cheiro do sanguem daquele pobre inocente!"

"— As vezes parece que cada caminho que eu trilho, me leva apenas para o caos, para desordem e para perdição!"

Princesa Mintaka:
— (Dança Das Borboletas De Ósmio!)

(Mais lágrimas caem dos olhos do Rei Solar.)

Pensamento Do Rei Solar:
"— Em nosso universo galáctico, só os mais fortes sobrevivem!"
"— E ela é muito mais forte do que eu imaginava!"

"— Eu não tenho a mínima chance contra ela!"
*"— Não nesse nível de poder do **Controle Absoluto** em que ela está!"*

"— Ainda mais eu lutando como sempre..."
"— Na defensiva!"

(Milhares de borboletas começa a se acumular no céu acima do Rei Solar.)

Pensamento Do Rei Solar:
"— Se eu não estivesse tão velho..."
"— Eu poderia usar aquela habilidade, mas..."

"— Quanto mais velho eu fico..."
"— Menos eu consigo..."
"— Controlá-la!"

"— Eu tenho tanto medo!"
"— De perder o controle..."
"— E assim..."
"— Acabar destruindo todo o sistema solar!"

"— Vida..."
"— Vida..."
"— Vida..."
"— Oh vida injusta!"

"— As coisas poderiam ser mais fácei para todos nós!"

"— Eu, com a minha mania de economizar poder para polpar vidas, sempre acabo do mesmo jeito!"
"— Ferido e a beira da morte!"

(Todas as raras borboletas brilham no céu por todos os lados.)

Pensamento Do Rei Solar:
"— Mas..."
"— Eu não tenho outra escolha!"
"— Ainda há pessoas e galácticos para proteger!"

(O Sol começa a nascer no horizonte e começa a iluminar aos poucos o País Da Constelação De Órion.)

Pensamento Do Rei Solar:
"— Chegou a hora…"
"— Está amanhecendo!"

"— Essa é…"
"— A única forma!"
"— Esse é o único jeito…!"
"— Que eu tenho de escapar com vida!"

(A Estrela azul fica frente a frente com o Rei Solar.)

Princesa Mintaka:
— AGORA…
— MORRAAAAAAAAAAAAAAAAAAAAAAAAAAAAAAAAAAA!
— (Dança Das Borboletas Da Morte!)

Pensamento Da Princesa Mintaka:
"— PARA GARANTIR QUE ELE NÃO ME ENGANE DE NOVO…"
"— IREI ASSISTIR ELE MORRENDO BEM PRÓXIMO A ELE, COM OS MEUS PRÓPRIOS OLHOS BEM ABERTOS!"

"— É IMPOSSIVEL ELE SOBREVIVER DESSA VEZ!"
"— POIS NÃO TEM COMO ELE ESCAPAR!"
"— ESSE É O MEU ATAQUE MAIS PODEROSO!"

"— EU SOBRECARREGUEI TODAS AS BORBOLETAS COM MAGNETISMO AUMENTANDO TAMBÉM A INTENSIDADE MAGNÉTICA EM CADA UMA DELAS INDIVIDUALMENTE…"
"— ASSIM ELAS FICARAM MAIS RÁPIDAS, MAIS PESADAS E TAMBÉM, MAIS LETAIS!"
"— FORA QUE O MEU CAMPO MAGNÉTICO CRIADO ESTÁ LIGADO TOTALMENTE A ELE!"

"— QUANDO ELE HAVIA COLOCADO A ESPADA DELE EM MEU PESCOÇO, EU MOVI OS MEUS DOIS DEDOS RAPIDAMENTE E TRANSFORMEI ELE EM UM IMÃ AMBULANTE, NO QUAL TODAS BORBOLETA DE ÓSMIO O PERCEGUIRAM AUTOMATICAMENTE ATRAÍDAS POR ELE E PELO O MAGNETISMO NELE CONTIDO,

ATÉ A MORTE!"

(As milhares de Borboletas começam descer em velocidade ultrassônica, aumentando a cada segundo a sua velocidade devido ao intenso campo magnéctico que as impulsionam para baixo, atraídas pelo o corpo do Rei Solar.)

Pensamento Do Rei Solar:
"— Eu preciso levantar da neve e levantar a minha marca..."
"— Mas..."
"— Quando eu for atacá-la..."
"— Eu tenho..."
"— Que tomar muito cuidado para não..."
"— Matá-la!"

(O Rei Solar sem energia, com a sua perna direita do joelho para baixo partida ao meio e jorrando muito sangue, levanta lentamente com muita dificuldade e estende a sua mão direita para o céu, enquanto a luz do sol ainda se aproxima lentamente pela a floresta destruída de pinheiros.)

Pensamento Da Princesa Mintaka:
"— O QUE ELE ESTÁ..."
"— FAZENDO???"
"— ELE VAI TENTAR FUGIR???"

(O Rei Solar com lágrimas nos olhos, olha tristemente para os olhos da Estrela Azul a sua frente.)

Pensamento Da Princesa Mintaka:
"— NÃO PARECE QUE ELE PRETENDE FUGIR!"
"— SERÁ QUE ELE DESISTIU???"
"— E ESTÁ SE ENTREGANDO A MORTE???"

Pensamento Do Rei Solar:
"— Ela..."
"— É apenas uma jovem Princesa..."
"— E se eu não conseguir controlar esse poder..."

"— Em apenas um segundo..."

"— Eu posso..."

"— Matá-la sem querer e também destruir todo o sistema solar!"

"— Mas eu tenho que acreditar em mim e tentar controlá-lo a qualquer custo!"

"— Eu não posso morrer aqui!"

"— Ainda há muitos para proteger!"

Pensamento Da Princesa Mintaka:

"— NÃO!"

"— ELE ESTÁ PARADO E..."

"— CHORANDO!"

"— ESSA ESTRELA É MESMO UM INIMIGO???"

"— DESDE O INÍCIO DA NOSSA LUTA ELE SÓ LUTOU NA DEFENSIVA!"

"— IDIOTA!"

"— O QUE EU ESTOU PENSANDO?!"

"— SE SÃO AS ORDENS..."

"— ELE É SIM UM INIMIGO!"

"— INDEPENDENTE DA FORMA QUE ELE LUTA OU REAGE!"

"— EU VOU MATÁ-LO E PROTEGER A MINHA CONSTELAÇÃO!"

(A Princesa aumenta a intensidade do campo magnético, acelerando cada vez mais a velocidade das borboletas mas para eles, nesse momento de grande tensão, o tempo parece correr mais lentamente, como se estivesse parado.)

Pensamento Do Rei Solar:

"— As Borboletas estão vindo em alta velocidade, estão mais rápidas do que das últimas vezes..."

"— Vou ter que agir rápido..."

"— São..."

"— Uma..."

"— Duas..."
"— Três.."
"— Quatro.."

(O Rei Solar conta todas as Borboletas em um piscar de olhos e mapeia todas as suas posições, já se preparando para o grande impacto.)

Pensamento Do Rei Solar:
"— 70 Mil Borboletas..."
"— Todas estão voando acima da velocidade do som!"
"— Eu só terie apena uma chance!"

(O sol iluminando boa parte da constelação, correndo por toda a floresta de pinheiros lentamente, em uma dança tensa, entre a claridade e a escuridão, entre a luz e as trevas entre a vida e a morte. Enquanto o Rei Solar permanece com a mão direita levantada aos céus e com os seus olhos cheios de lágrimas.)

Pensamento Do Rei Solar:
"— Eu só preciso de apenas um fóton dos raios de sol!"
"— Falta pouco..."
"— Falta muito pouco..."

(As raras borboletas ficam a poucos centímetros de atingir violentamente o Rei Solar.)

Pensamento Da Princesa Mintaka:
"— É AGORA!"
"— TE PEGUEI!"

Pensamento Do Rei Solar:
"— E agora???"
"— Quem chegará primeiro???"
"— O sol ou as borboletas???"
"— A vida ou a morte???"

(O sol começa a chegar a poucos centímetros da marca do Rei Solar, juntamente com as velozes e mortais borboletas.)

Pensamento Do Rei Solar:
"— Ela está alí na minha frente, parada..."
"— A poucos metros de distância..."
"— Me encarando olho no olho, ansiosa pela a minha morte!"

"— É a hora perfeita para mostrar para ela..."
"— Do que o Rei Deus é capaz!"
"— Talvez assim..."
"— Ela nunca mais mate, uma vida inocente em vão!"

"— O Sol finalmente tocará a minha marca em..."

"— 3..."
"— 2..."
"—..."

Princesa Alnitak:
— NÃOOOOOOOOOOOOOOOOOOOOOOO!
— ELE É MEUUUUUUUUUUUUUUUUUUUUUUUUUUUUU!
— (Punho Elétrico!)

(SOM DE IMPACTO)

Pensamento Do Rei Solar:
"— O QUE?"
"— FUI ATINGIDO..."
"— DE NOVO???!"

(SOM DE IMPACTO)

Pensamento Do Rei Solar:
"— MAS COMO?"
"— ELA ESTAVA NA MINHA FRENTE?!"
"— E NEM HAVIA SAÍDO DO LUGAR?!"
"— COMO ELA APARECEU ATRÁS DE MIM?
"— E ME PEGOU DE SURPRESA???"

(As borboletas em alta velocidade caem causando uma grande explosão de impacto destruindo o chão e criando diversas crateras aonde o Rei Solar estava.)

Princesa Mintaka:
— NÃOOOOOOOOOOOOOOOOOOOOOOOOOOOOOOOOOOOO!

(O Rei Solar é atingido e lançado violentamente no sentido contrário ao Sol.)

Princesa Alnitak:
— MORRAAAAAAAAAAA!
— (Punho Elétrico!)

(SOM DE IMPACTO)

Pensamento Do Rei Solar:
"— DE NOVO!"
"— EU NÃO CONSEGUI NEM ME DEFENDER!"
"— QUE ENERGIA É ESSA!"
"— ELA ESTÁ ME DANDO VÁRIOS GOLPES E ME AFASTANDO DOS FÓTONS DOS RAIOS DE SOL!"
"— POR QUE ELA ESTÁ FAZENDO ISSO???"

(A Princesa Alnitak atinge o Rei Solar com vários socos violentos, consecutivos e eletrificados. Ela olha dentro dos olhos dele, sorrindo sadicamente e cada ataque dela, gera ondas de impacto sobre ele.)

(SOM DE IMPACTO)

Pensamento Do Rei Solar:
"— QUEM É ESSA PRINCESA?"
"— QUE OLHAR MALIGNO E SANGUINÁRIO É ESSE?!"

"— ELA PARECE SABER O QUE EU IRIA FAZER!"
"— SERÁ ENTÃO, QUE É POR ISSO QUE ELA ESTÁ ME AFASTANDO DO SOL???"

(O Rei Solar ainda no ar sendo atingido, cruza os braços a frente do seu corpo tentando se defender, mas a cada golpe dado pela a Princesa Alnitak, mais desestabilizado, ferido e incapacidado ele fica. Ela então para imobiliza-lo por completo, desaparece e reaparece acima dele e em seguida o atingi violentamente com as duas mãos fechadas, de cima para baixo, o lançando violentamente contra o chão encoberto pela neve, fazendo com que uma grande crátera circular do tamanho do seu corpo, seja criada com o impacto da queda em alta velocidade.)

(SOM DE IMPACTO)

Pensamento Do Rei Solar:
"— Eu..."
"— Falhei!"

(O Rei Solar cospe sangue e a a dor da sua hemorragia interna, começa a ser sentida fortemente por todo o seu corpo.)

Princesa Alnitak:
— Hora de acabar logo com isso!

(O Rei Solar escuta passos sobre a neve e um brilho azul intenso se aproximando.)

Pensamento Do Rei Solar:
"— Ela está vindo de novo para dar o golpe final!"
"— Ela me engana com as borboletas e em seguida me atinge, quando eu menos espero!"

(O Rei Solar fecha os olhos devido a grande dor.)

Pensamento Do Rei Solar:
"— Eu a subestimei quando achei que havia vencido!"
"— Ela é muito mais poderosa do que eu imaginava!"
"— E possui mais habilidade do que eu pude prever!"
"— Eu não sou um oponente a sua altu..."

Princesa Mintaka:
— FEIOSAAAAAAAAAAAAAAAAAAAAAAAAAAAAAAA!
— VOCÊ ME FEZ DESPERDIÇAR O MEU MELHOR E MAIS PODEROSO ATAQUE!

— EU NÃO VOU DEIXAR ISSO BARATO!

Pensamento Do Rei Solar:
"— O que?"
"— Feiosa?"
"— Do que ela está falando?"

"— Será que ela está pensando que eu sou uma mulher???
"— Será que é por causa dos meus cabelos longos e por isso ela está me chamando de feiosa???"
"— Ela não viu a minha barba não foi???"

"— E como assim "Me fez desperdiçar o meu melhor ataque???""
"— Por mais que as borboletas dela não tenham me acertado, ela conseguiu me pegar de surpresa e me golpear violentamente, várias e várias vezes!"

"— O QUE ESTÁ ACONTECENDO???"

(O Rei Solar tosse sangue.)

Princesa Alnitak:
— NÃO!
— ELE É MEU!

(A Estrela azul aparece na frente do Rei Solar e ele consegue ver apenas o seu brilho azul intenso acima do seu corpo. E então ela frente a frente com ele, ardendo em fúria, raiva e ódio, começa a desferir mais poderosos golpes eletrificados e consecutivos contra ele ainda imobilizado no chão, afundando ele cada vez mais na cratera.)

Princesa Alnitak:
— MORRA INSOLENTE!
— (Punho Elétrico!)

(SOM DE IMPACTO)
(SOM DE IMPACTO)

(SOM DE IMPACTO)

(SOM DE IMPACTO)

Princesa Mintaka:
— NÃOOOOOOOOOOO!
— PARE SUA BRUXA!
— ELE É MEUUUUUUUUUUUUUUUUUUUUUUUUUUUUUUU!

Pensamento Do Rei Solar:
"— Eu estou tão ferido que eu não consigo vê-la!"
"— Cada golpe que ela da..."
"— Parece está destruindo por completo todo o meu rosto!"

"— A princesa está me golpeando tão rápido e tão forte, que eu mal consigo olhar ou ouvir o que ela está falando!"

(SOM DE IMPACTO)
(SOM DE IMPACTO)

(A Princesa Alnitak respira para pegar folego e volta a atacá-lo violentamente.)

Princesa Mintaka:
— (Dança Das Borboletas De Ósmio!)

(SOM DE IMPACTO)
(SOM DE IMPACTO)

Pensamento Do Rei Solar:
"— O que?"
"— Mais borboletas!"
"— Mas..."
"— Ela está aqui me atacando agora!!!"
"— Como ela está conseguindo usar dois poderes ao mesmo tempo, com as mãos oculpadas me golpeando consecutivamente???"

Princesa Mintaka:
— SUA BRUXA, SE VOCÊ NÃO SAIR DE PERTO DELE...
— EU IREI MATAR VOCÊS DOIS JUNTOS!

Pensamento Do Rei Solar:

"— A VOZ NÃO ESTÁ VINDO DE CIMA DE MIM!"
"— ENTÃO..."
"— QUEM ESTÁ FALANDO ALÉM DELA???"
"— SERÁ QUE É UM..."
"— CLONE???"

(A Princesa Alnitak respira novamente para pegar folego e continua atacá-lo violentamente.)

(SOM DE IMPACTO)
(SOM DE IMPACTO)

Princesa Alnitak:
— VAI EMBORA DAQUI SUA RIDÍCULA, ÍNUTIL E INSOLENTE!
— EU IREI MATÁ-LO PRIMEIRO!

Princesa Mintaka:
— NÃO SUA BRUXA!
— ELE É MEU!

(As Borboletas começam a descer contra eles na velocidade do som.)

Pensamento Do Rei Solar:
"— O QUE?"
"— NÃO PODE SER!"
"— ELAS SÃO..."
"— SÃO DUAS???"

(O sangue do Rei Solar respinga por todos os lados, manchando também o vestido da Princesa Alnitak a cada golpe.)

Pensamento Do Rei Solar:
"— ELAS ESTÃO TROCANDO OFENSAS UMA CONTRA A OUTRA!"
"— EU PRECISO VER A OUTRA!"
"— AGORA!"
"— MAS COMO???"
"— SÃO TANTOS GOLPES QUE EU MAL CONSIGO ME MOVER!"

(SOM DE IMPACTO)
(SOM DE IMPACTO)

Pensamnto Da Princesa Alnitak:
"— Mesmo nesse estado deprorável..."
"— Esse maldito ainda está vivo e eu já estou quase sem energia!"
"— Ele é muito resistente!"
"— Então, eu vou precisar de mais para matá-lo!"

(Ela coloca toda a sua força em mais um golpe elétrico poderoso.)

Princesa Alnitak:
— (Punho Elétrico!)

(SOM DE IMPACTO)

Pensamento Da Princesa ALnitak:
"— Preciso pegar a Alabarda Galáctica e parti-lo ao meio!"
"— Esse será o único jeito de mata-lo!"

(Ela respira ofegante e sai de cima do Rei Solar.)

Pensamento Do Rei Solar:
"— Eu não vou resistir por muito tempo!"
"— É o meu fim!"

(O Rei Solar se afoga em seu próprio sangue e abre os olhos olhando para o céu que parece está distorcido devido a sua grande tontura e fraqueza.)

Pensamento Do Rei Solar:
"— Não..."
"— As borboletas estão vin..."

(As Borboletas acertam o Rei Solar violentamente perfurando todo o seu corpo. A dor do impacto foi tão grande mais devido aos seus profundo ferimentos, ele não foi capaz nem ao menos de gritar. E com todo o seu corpo transpassado, perfurado, desfigurado e ensanguentado, ele assume a sua derrota diante da poderosa Estrela Azul chorando sangue.)

Pensamento Do Rei Solar:
"— Eu fui..."
"— Derrotado!"
"— Estou..."
"— No meu limite!"

(O Rei Solar completamente imobilizado, tosse sangue e devido a sua hemorragia a cratera se enche dele, se tornando um pequeno lago vermelho de tristeza, dor e sangue.)

Princesa Alnitak:
— NÃOOOOOOOOOOOOOOOO!
— EU QUE VOU MATÁ-LO!

(A Princesa Alnitak reaparece com a Alabarda Galáctica em suas mãos.)

Princesa Mintaka:
— TARDE DEMAIS!
— ELE É MEU!

(Som Magnético.)

Pensamento Do Rei Solar:
"— AI!"
"— O QUE É ISSO???"
"— QUE DOR ABSURDA É ESSA!"
"— PARECE ESTÁ PERFURANDO A MINHA ALMA!"

(A Princesa Mintaka começa movimentar as borboletas por dentro do corpo do Rei Solar para destruir os seus órgãos vitais e a sua marca Estelar.)

Princesa Alnitak:
— SÓ POR CIMA DO MEU CADÁVER!

(A Princesa Alnitak eletrifica Alabarda Galáctica usando a

sua marca e os céus voltam a ficar escuro, recomeçando a relampear e a trovejar novamente, como em uma grande tempestade, encobrindo o sol que já nasceu no horizonte no País Da Constelação De Órion.)

Princesa Mintaka:
— BRUXA!
— EU QUE VOU MATÁ-LO!

Princesa Alnitak:
— INSOLENTE!
— EU QUE VOU!

Pensamento Do Rei Solar:
"— Realmente..."
"— São duas vozes?"
"— Duas vozes praticamente idênticas!"
"— Ela parecem estar brigando entre sí..."
"— Para saber quem vai dar o golpe final em mim???"

Princesa Mintaka:
— EU O ENCONTREI PRIMEIRO!

Princesa Alnitak:
— ISSO NÃO IMPORTA!

(Relampagos brilham nos céus e trovões soam.)

Princesa Mintaka:
— SAIA DA MINHA FRENTE!

Princesa Mintaka:
— NÃO SUA INÚTIL!
— EU VOU APROVEITAR E MATAR VOCÊS DOIS!
— E SE ME PERGUNTAREM DIREI QUE ELE TE MATOU PRIMEIRO E EU O MATEI!
— ME LIVRAREI DOS DE VOCÊS DOIS EM UM GOLPE PERFEITO!

Pensamento Do Rei Solar:

"— Eu sinto que..."
"— As borboletas que me atingiram, parece que pararam de se mecher dentro do meu corpo!"

(As duas Estrela acendem os seus olhos intensamente na cor azul e estrondos vindo dos relâmpagos e trovões no céu, são ouvidos em todo o País Da Constelação De Órion novamente.)

Pensamento Do Rei Solar:
"— EU PRECISO VÊ-LAS!"
"— MAS..."
"— EU NEM CONSIGO ME LEVANTAR!"

"— A LUZ DO SOL COM ESSAS NUVENS NÃO CHEGARÁ ATÉ A MIM!"
"— MAS..."
"— EU TENHO QUE SABER AO MENOS O QUE ESTÁ ACONTECENDO!"

"— QUEM SÃO ELAS???"

"— ISSO VAI DOER MUITO MAIS..."
"— EU TENHO QUE LEVANTAR AO MENOS UM POUCO A MINHA CABEÇA!"

(O Rei Solar levanta um pouco a cabeça sentindo fortes dores agudas quase que insuportáveis, mas finalmente consegue as ver.)

Princesa Alnitak:
— VOCÊ NÃO É PÁREO PARA MIM SUA INSOLENTE!

Princesa Mintaka:
— VEREMOS!
— SUA RABUGENTA!

(Os céus relampeiam e trovejam, milhares de borboletas magnéticas voltam a se formar ficando em posição de ataque sobre os céus.)

Pensamento Do Rei Solar:
"— ELAS SÃO..."
"— IRMÃS..."
"— GÊMEAS?"

(O Rei Solar a beira da morte, olha para as duas irmãs uma de frente para outra preste a iniciar um grande combate estelar. A sua mente ferve desacreditado do que está vendo, os seus ferimentos doem profundamente, mas a surpresa toma conta da sua alma que está confusa sem entender o que está havendo e acontecendo.)

Pensamento Do Rei Solar:
"— AS DUAS SÃO TOTALMENTE IDÊNTICAS!"

"— ENTÃO É POR ISSO..."
"— QUE CADA UMA ME DAVA UM ATAQUE OU GOLPE DIFERENTE UMA DA OUTRA!"
"— E EU PENSAVA QUE EU ESTAVA LUTANDO COM A MESMA PESSOA!"
"— QUANDO NA VERDADE..."
"— ESSE TEMPO TODO EU ESTAVA LUTANDO COM DUAS PRINCESAS AO MESMO TEMPO!"

"— DUAS ESTRELAS AZUIS!"
"— DUAS ESTRELAS BINARIAS!"

(Uma olha furiosamente para a outra, prontas para se atacarem violentamente até a morte.)

Pensamento Do Rei Solar:
"— UMA REALMENTE PRETENDE MATAR A OUTRA!"
"— TUDO ISSO..."
"— PARA TEREM O DIREITO DE ME MATAR COM AS SUAS PRÓPRIAS MÃOS!"

(O Rei Solar tosse sangue e deita a cabeça novamente.)

Pensamento Do Rei Solar:
"— A ESSA DISTÂNCIA..."
"— COM OS PODERES E ATAQUES DELAS..."
"— EU TAMBÉM IREI MORRER!"

"— SE NÃO FOR POR ISSO, SERÁ PELOS OS MEU PROFUNDOS FERIMENTOS!"

"— A DEUS ILHA DO SOL!"
"— ME PERDOE POR NÃO CONSEGUIR RETORNAR DESSA VEZ!"

Princesa Alnitak:
— VAI PARA O INFERNO IRMÃZINHA!

Princesa Mintaka:
— EU TE ENCONTRO LÁ!

(Trovão.)

Pensamento Do Rei Solar:
"— Elas começaram a lutar!"

(Ao soar de um trovão o combate familiar se inícia.)

Princesa Alnitak:
— (RAIO SUPER BOLT!)

Princesa Mintaka:
— (Dança Das Borboletas Da Morte!)

(O Poderoso Raio Super Bolt desse dos céus causando um grande brilho e estrondo, as raras borboletas com o seu campo magnético intenso, voam acima da velocidade do som prontas para um ataque certeiro, violento e mortal. A colisão dos poderes das duas poderosas Estrelas Azuis é inevitável.)

Princesa Alnitak:
— MORRAAAAAAAAAAAAAAAAAAAAAAAAAAAAAAAAAA!

Princesa Mintaka:

— MORRAAAAAAAAAAAAAAAAAAAAAAAAAAAAAAAAAAAA!

(O Rei Solar fecha os olhos, se entregando a morte, pois ele sabe que uma grande explosão eletromagnética está prestes a acontecer.)

(Explo...)

(Raio De Luz.)

(Som de impacto no chão.)

Princesa Alnilam:
— PAREEEEEEEEEEEEEEEEEEEEEEEEEEEEEEEEEM!
— AS DUASSSSSSSSSSSSSSSSSSSSSSSSSSSSSSSS!

(Clarão.)

Pensamento Do Rei Solar:
"— HÃM???"
"— O QUE ESTÁ ACONTECENDO???"

(A Princesa Alnilam aparece no meio das duas e toda aquela grande energia eletromagnética acumulada é anulada imediatamente. O Raio Super Bolt desaparece também em um piscar de olhos e as raras borboletas caem no chão completamente desmagnetizadas. Ambos os ataques aos serem neutralizados por ela, criaram um imenso clarão azul que ofusca a visão de todos.)

Princesa Alnitak:
— MALDITA!
— POR QUE VOCÊ FEZ ISSO!

Princesa Mintaka:
— IRMÃ!
— NÃO ERA PARA TER ANULADO!

(Todas respiram ofegantes.)

Pensamento Do Rei Solar:
"— O QUE?"
"— NÃO PODE SER!"
"— CHEGOU..."
"— MAIS UMA???"
"— MAIS UMA ESTRELA AZUL???"

(O clarão azul vai diminuindo a sua intensidade.)

Pensamento Do Rei Solar:
"— EU PRECISO VÊ-LA!"

(O Rei Solar ainda agonizando, levanta a cabeça novamente tentando enxergar quem acabou de chegar.)

Pensamento Do Rei Solar:
"— ESPERA!"
"— MAS..."
"— ESSA TAMBÉM..."
"— É IGUALZINHA AS OUTRAS!"

"— O MESMO CABELO LONGO E BRANCO AZULADO..."
"— ATÉ AS ROUPAS SÃO IGUAIS!"
"— E A VOZ, TAMBÉM!"

"— O QUE ESTÁ ACONTECENDO???"
"— ELAS SÃO..."
"— CLONES UMA DA OUTRA???"
"— OU SÃO..."
"— TRIGÊMEAS???"

(A Princesa Alnilam olha para o Rei Solar agonizando no chão.)

Princesa Alnilam:
— Irmãs vocês enlouqueceram???
— O que vocês estavam fazendo???
— Não era para ter atacado ele!

— A mamãe e o Papai mandou que o chamássemos para eles o

conhecerem!
— Esse é aquele famoso...
— Rei Deus que todos falam!

Pensamento Do Rei Solar:
"— O QUE?"
"— ELA ME CONHECE???"
"— E O REI E A RAINHA DAQUI MANDARAM ME CHAMAR?"
"— MAS POR QUE???"

(O sangue do Rei Solar se congela abaixo do seu corpo sobre a cratera na neve e as suas vistas começam a escurecer.)

Princesa Mintaka:
— O QUE?
— ELE É O REI DEUS???
— AQUELE DA LENDA QUE TODOS FALAM???
— SALVADOR DOS PLANETAS ERRANTES?
— NÃO ACREDITO!

Princesa Alnilam:
— É irmã...
— Era apenas para ter convidado para o Reino!

— Por que vocês fizeram isso?
— Olha o estado em que ele está!

— Porque Min?
— Porque Alnitak?

Princesa Mintaka:
— ERA PARA TER APENAS CHAMADO ELE???
— MAS...
— MAS...

(A Princesa Mintaka olha furiosa para a Princesa Alnitak.)

Princesa Mintaka:
— ESSA MENTIROSA DISSE QUE ELES NOS MANDARAM

MATÁ-LO!
— A TODO CUSTO!

— PORQUE VOCÊ FEZ ISSO SUA MENTIROSA!
— PORQUE VOCÊ MENTIU?

— E AGORA?
— O QUE EU FIZ?
— O QUE EU FIZ!

(A Princesa Mintaka coloca a mão sobre a cabeça preocupada e olhando para o Rei Solar caído ensanguentado.)

Princesa Alnilam:
— O que você disse irmã???
— A Alnitak mentiu sobre ele???

Princesa Mintaka:
— Exatamente Irmã!
— Essa bruxa!
— Me disse que a nossa constelação estava sendo atacada por um invasor perigoso e que ele estava no topo da lista de procurados como um dos dez galácticos assassinos universais!
— E por isso era para matá-lo a qualquer custo!

(Os olhos da Princesa Mintaka brilham na cor azul intensa, ao olhar para a Princesa Alnitak que brilha os olhos com mais intensidade, ficando ambas em posição de ataque se encarando novamente.)

Princesa Mintaka:
— Fala para ela sua mentirosa o que você me disse?!
— Assuma a responsabilidade dos seus atos!

Princesa Alnilam:
— É verdade isso irmã?
— O papai não vai gostar nada disso!

Princesa Alnitak:

— EU NÃO DEVO...
— EXPLICAÇÕES A VOCÊSSSSSSSSSSSSSSSSSSSSSSSSSSSS!
— AGORA CALEM-SEEEEEEEEEEEEEEEEE!

Princesa Mintaka:
— Como sempre!
— Faz as coisas e depois não assume!
— Você não é digna de ser uma Estrela!
— Sua mentirosa!

(O Rei Solar ouvi a conversa das Princesas com dificuldade, os seus ouvidos estão zumbindo e a sua energia estelar enfim, chegou ao fim.)

 Pensamento Do Rei Solar:
"— Então..."
"— Esse tempo todo..."
"— Ela mentiu para irmã para tentar me matar?"
"— Mas..."
"— Por que?"

Princesa Alnilam:
— Coitadinho dele...
— Será que ele ainda está vivo???

(A Princesa Alnilam se apróxima do Rei Solar que a vê com as vistas completamente embaçadas, como um vulto sintilante azul.)

Pensamento Do Rei Solar:
"— Essa outra Princesa..."
"— Por mais que a aparência dela seja igual à das outras duas irmãs..."
"— Ela age totalmente diferente..."
"— E o seu jeito de falar a diferencia das outras..."

"— Mas..."
"— Isso só poder ser mais uma armadilha!"

"— Ela conseguiu neutralizar o poder das suas duas irmãs, como se eles não fossem nada!"

"— Eu não posso confiar em nem uma delas!"

Princesa Alnitak:
— Espero que ele já tenha morrido esse maldito!

Princesa Mintaka:
— RUM!
— MENTIROSA!
— MENTIROSA!

— ISSO TUDO É CULPA SUA!

— AI MEU DEUS...
— SERÁ QUE EU MATEI O REI DEUS???

— SE ELE TIVER MORRIDO EU NUNCA VOU ME PERDOAR!

Princesa Alnilam:
— Acho que um Rei Deus não deve morrer tão fácil assim...

(A Princesa Alnilam se abaixa próximo ao Rei Solar para tocá-lo.)

Princesa Alnitak:
— FÁCIL???
— FÁCIL???
— ESTÚPIDA!

— USAMOS QUASE TODO NOSSO PODER E ESSE INSOLENTE AINDA FICOU DE PÉ!

Princesa Alnilam:
— Sério?
— Então...
— Ele é muito forte como todos dizem!

— E pelo visto...

— É bonitinho também...

(A Princesa Alnilam sorri.)

Pensamento Do Rei Solar:
"— Uma..."
"— Realmente..."
"— É totalmente diferente da outra..."
"— E agora???"
"— Ela está prestes a me tocar!"
"— Eu tenho que fugir daqui!"

(O Rei Solar tenta usar a sua energia para se levantar mas não consegue.)

Pensamento Do Rei Solar:
"— Não!"
"— Eu cheguei no meu limite!"

(A Princesa Alnilam toca no Rei Solar.)

Princesa Alnilam:
— Ele ainda está vivo!
— Só está anulando a sua atração gravitacional por isso não conseguimos senti-la!

Princesa Alnitak:
— Deve ser o desespero para tentar fugir!

Princesa Mintaka:
— Ele me enganou assim!

Princesa Alnilam:
— Vamos ajudá-lo a levantar...
— Me ajudem por favor irmãs!

Princesa Mintaka:
— Vamos!

Princesa Alnitak:

— Ele pode até ser bonito...
— Mas eu não vou tocar nesse maldito!
— Gastei toda a minha energia estelar com ele!

(As duas Princesas tentam levantar o Rei Solar o segurando pelos os braços mas ele está sem força.)

Princesa Alnilam:
— Olá...
— Rei Deus...
— Você está bem?

(O Rei Solar não consegue responder devido aos seus graves ferimentos e teme pela a sua vida diantes das Estrelas inimigas.)

Princesa Alnilam:
— Coitadinho...
— Está tão machucado que não consegue nem ao menos falar.

(Elas o olham preocupadas.)

Princesa Mintaka:
— Pelo menos ele ainda está vivo!
— Ai que alivio!
— Eu pensei que eu tinha matado ele!

Princesa Alnilam:
— Nos desculpe...
— Houve um engano por parte das minhas irmãs...
— Peço que nos perdoe em nome da nossa constelação.

(O Rei Solar tosse sangue.)

Princesa Alnilam:
— A marca dele não está se regenerando como deveria!
— Isso é o efeito da eletricidade de vocês!

(A Princesa Alnilam olha para as suas duas irmãs.)

Princesa Alnitak:
— O problema é dele!
— Já era para ele estar morto!

Princesa Alnilam:
— Me ajude a levantá-lo irmã...
— Vamos leva-lo para o castelo!
— A mamãe saberá o que fazer!

Princesa Mintaka:
— Sim vamos!

(As duas se esforçam e conseguem tirar o Rei Solar quase desacordado do chão pelos os braços, cada uma de um lado o apoiando.)

Princesa Mintaka:
— Santo Átomo!
— Que homem pesado!

Princesa Alnilam:
— Força irmã...
—Agente consegue!

Princesa Alnitak:
— Inúteis!

Princesa Alnilam:
— Vamos...

(Raio De Luz.)

Saiph:
—   NÃO   TOQUE   NAS   MINHAS
PRINCESAAAAAAAAAAAAAAAAS!

Pensamento Do Rei Solar:
"— O QUE???"
"— QUEM É ESSE GAROTO QUE APARECEU NA MINHA

FRENTE?"
"— DO NA..."

Saiph:
— (SOCO SUPER MASSIVOOOOO)

Princesa Alnilam:
— SAIPH NÃOOOOOOOOOOOOOOOOOOOOOOOOOOOOOO!

Princesa Mintaka:
— SAIPH NÃOOOOOOOOOOOOOOOOOOOOOOOOOOOOOO!

(A Princesa Alnitak sorrir.)

Princesa Alnitak:
— Sobreviva a isso!
— Rei Deus!

(SOM DE IMPACTO)

(O Rei Solar é lançado para longe na velocidade do som e atinge várias árvores destruindo todas pelo o caminho e abrindo uma grande cratéra ao acertar uma montanha encoberta pela neve.)

Pensamento Do Rei Solar:
"— Esse é o Soco Super Massivo..."
"— Mas forte que eu já vi..."
"— Em toda a minha..."
"— Vi..."

(O impacto do soco super massivo de Saiph foi tão grande, que causou uma avalanche de neve na montanha soterrando por completo o Rei Solar.)

Princesa Alnitak:
— Em fim...
— Ele está morto!

Princesa Alnilam:
— REI DEUUUUUUUUUUUUUUUUUUUUUS!

(Alguns minutos depois...)

Princesa Alnilam:
— MAMÃEEEEEEEEEEEEEEEEEE...
— MAMÃEEEEEEEEEEEEEEEEEEEEEEEE!

(Raio De Luz.)

(A Rainha Betegeuse ao ouvir os gritos de desespero da sua filha, dentro do seu majestoso Castelo no País Da Constelação De Órion, se levanta em um piscar de olhos da sua cadeira de balanço que fica dentro de seu quarto e aparece instantâneamente em um Raio De Luz vermelho na entrada principal, onde ficam os dois tronos Reais e cem dos seus guardas Armaduras De Ouro apostos, prontos para combate.)

Rainha Betegeuse:
— FILHA???
— O QUE HOUVE???

(Raio De Luz.)

Rei Rígel:
— QUE GRITARIA É ESSA DENTRO CASTELO???

(O Rei Rígel aparece também em um piscar de olhos em um Raio De Luz azul.)

Princesa Alnilam:
— Mamãe!
— Papai!
— Me perdoem pela gritaria a essas horas da manhã!

— O Rei Deus!
— Que vocês mandaram chamar...
— Encontramos ele...
— Mas agora ele está em coma e em estado grave!

Rainha Betegeuse:

— O QUE???
— MAS...
— O QUE FOI QUE ACONTECEU???

Rei Rígel:
— O QUE VOCÊS FIZERAM MENINAS???
— EU MANDEI CHAMÁ-LO!
— NÃO ATACÁ-LO!

(Os dois olham para elas e para o Saiph que carrega o Rei Solar sobre as suas costas todo ensanguentado e a beira da morte.)

Princesa Mintaka:
— Pergunta para a sua filha malvada Papai!

Rei Rígel:
— ALNITAK???
— VOCÊ O ATACOU???

Rainha Betegeuse:
— O que???
— Teve um combate em nossa constelação e eu não senti absolutamente nada???
— Isso é impossível!
— Ou vocês lutaram em outro lugar???

Princesa Alnitak:
— RUM!
— A CULPA FOI DO SAIPH!
— JÁ ESTAVA TUDO SOBRE CONTROLE!
— ELE CHEGOU E JÁ O ATACOU!
— NÃO VENHAM POR A CULPA EM MIM SUAS ESTÚPIDAS!

(O Rei Rígel olha bravo para o Saiph.)

Rainha Betegeuse:
— O QUE?
— ELE PERDEU O CONTROLE DE NOVO???
— GENTE!

— ISSO TUDO ESTAVA ACONTECENDO DEBAIXO DOS MEUS OLHOS SEM EU SE QUER SENTIR???
— E TODA ESSA NEVE SOBRE A ROUPA DELE???
— DE ONDE VEIO???

Princesa Alnilam:
— Estava nevando nas montanham mamãe, eu também não sei o por que!
— Ainda mais nessa época do ano.
— Mas, não foi culpa do Saiph.

Princesa Mintaka:
— É mamãe!
— Não foi culpa dele o que aconteceu!
— Ele só tentou nos proteger!

Saiph:
— ME PERDOEM MAJESTADES!
— EU SEMPRE COMETO ERROS!
— ME PERDOEM!
— PODEM ME CASTIGAR!
— EU MEREÇO UMA SEVERA PUNIÇÃO!
— FOI TUDO CULPA MINHA!

(O Saiph começa a chorar de cabeça baixa, prestando reverência ajoelhado frente a frente as duas grandiosas Estrelas de Órion, com o corpo do Rei Solar ainda em suas costas.)

Rei Rígel:
— TAMANHO DESRESPEITO COM UM CONVIDADO ESPECIAL NOSSO, MERECE SER PUNIDO COM A...
— MORTE!

(Os olhos do Rei Rígel brilham intensamente na cor azul, superando o brilho das suas três filhas juntas e todos os cem guardas presentes dentro do castelo, se curvam imediatamente diante do grande brilho dos seus olhos, inclusive as suas filhas, exceto, a sua esposa e Rainha.)

Princesa Alnilam:
— NÃO PAPAI!
— NÃO FOI CULPA DELE!
— ELE ESTAVA APENAS TENTANDO AJUDAR!

Princesa Mintaka:
— POR FAVOR PAPAI!
— NÃO FAÇA ISSO!
— ELE NÃO TEVE CULPA DE NADA!

(As filhas do poderoso Rei de Órion suplicam de cabeças baixas, implorando por misericordia, mas a mão direita do Rei também começa a brilhar intensamente na cor azul e começa a se congelar. E então ele em frente ao Saiph, levanta a mão direita, pronto para cortar o seu pescoço com um único golpe.)

Pensamento Da Princesa Alnilam:
"— Não..."
"— É tarde demais!"
"— O meu pai irá matá-lo!"

"— A temperatura do ambiente caiu instantâneamente!"
"— Ele pretende atingi-lo com um golpe fatal!"

"— O Saiph não tem a mínima chance de sobreviver a um ataque da temperatura abaixo de zero do meu pai!"

"— Isso é tudo culpa minha!"
"— Eu sempre me atraso!"
"— Se eu tivesse chegado antes do combate delas acontecer, nada disso teria acontecido!"

(A temperatura do ambiente volta a aquecer novamente e todos na mesma hora ainda de joelhos, olham para a Rainha Betegeuse surpresos, após ela caminhar rapidamente, ficando entre o Saiph e o Rei. Ela então começa a aumentar o brilho dos seus olhos estelares, que emitem uma cor vermelha intensa e assim eles se encaram profundamente com o um desafio estelar ocular.)

Rainha Betegeuse:
— MEU REI!
— TENHA PIEDADE DO JOVEM MENINO!
— ELAS ESTÃO AFIRMANDO QUE ELE NÃO TEVE CULPA!
— E CONHEÇO AS MINHA FILHAS MUITO BEM!
— AS DUAS JAMAIS MENTIRIAM!

— ISSO TUDO FOI APENAS UM MAL ENTENDIDO!

(Todos presentes começam a soar frio temendo por suas vidas, ao presenciarem as duas Estrelas, Rei e Rainha de Órion apenas se encarando. A tensão dentro do castelo aumenta, os corações se aceleram, as respirações ficam ofegantes e o medo toma conta das suas almas.)

Princesa Mintaka:
"— ISSO É MAL, ISSO É MAL, ISSO É MAL!"
"— SE OS DOIS SE ENFRENTAREM AQUI, TODOS NÓS QUE ESTAMOS PRESENTES ESTAREMOS MORTOS!"

Princesa Alnilam:
"— PAPAI..."
"— MAMÃE..."
"— NÃO FAÇAM ISSO!"

"— E AGORA???"
"— EU TENHO QUE TIRAR TODOS ESSES SOLDADOS INOCENTES DAQUI!"
"— EU TENHO QUE SALVAR TODA A POPULAÇÃO DE ÓRION!"
"— ANTES QUE SEJA TARDE DEMAIS!"

Princesa Alnitak:
"— ESSA NÃO!"
"— O QUE FOI QUE EU FIZ???"

"— EU NÃO IMAGINEI QUE ISSO FARIA OS DOIS SE ENFRENTAREM DESSA FORMA!"

"— AS ENERGIAS ESTELARES DELES, SÃO ASSUSTADORAS ATÉ PARA MIM!"

"— EU TENHO QUE FUGIR DESSA CONSTELAÇÃO!"

"— AGORA!"

(O brilho vermelho da Rainha Betegeuse se sobrepoêm ao brilho azul intenso do Rei Rígel que a olha bravo e os ânimos de ambos se exaltam. Mas após alguns minutos de tensão, a imponência superior da Rainha Betegeuse, faz com que o Rei fraquege e então ele caminha para trás com temor, ao ver o grande brilho dela superar o seu. E por isso, ele começa a diminuir o seu brilho gradativamente, voltando aos poucos a ficar com os olhos normais.)

Rei Rígel:
— Então, tudo bem...
— Minha Rainha...
— Você venceu!

(O Rei Rígel respira fundo e sorrir para a sua mulher e Rainha.)

Rei Rígel:
— SORTE QUE A MÃE DE VOCÊS TEM UM BOM CORAÇÃO.
— MAS NÃO TERÁ PRÓXIMA VEZ!
— O SAIPH JÁ NOS CAUSOU PROBLEMAS DEMAIS!

(O Rei Rígel coloca a mão direita sobre o seu próprio peito.)

Rei Rígel:
— E LHES DIGO MAIS UMA COISA!
— QUE PARECEM QUE NENHUMA DE VOCÊS PARARAM AINDA PARA PENSAR!

— VOCÊS JÁ IMAGINARAM SE AS OUTRAS NOVE GRANDES CONSTELAÇÕES DESCOBREM QUE O REI DEUS ESTÁ AQUI...
— E QUE HOUVE UM COMBATE CONTRA ELE E NÃO

REPORTAMOS ISSO A ELAS IMEDIATAMENTE COMO DIZ O DECRETO REAL???

— ISSO CAUSARIA UM GRANDE ALARDE E UM GRANDE DESEQUILÍBRIO GALÁCTICO!
— PRINCIPALMENTE PARA A NOSSA CONSTELAÇÃO QUE SERIA ACUSADA DE TRAIÇÃO!

— A ORDEM DELAS É PARA MATARMOS ELE NO PRIMEIRO CONTATO E LEVARMOS A SUA MARCA PARA O REI EPSILON PEGASI!

— E QUANDO EU DIGO MATÁ-LO, EU ME REFIRO DIRETAMENTE A LINHA DE FRENTE ESTELAR DA NOSSA CONSTELAÇÃO!
— OU SEJA EU E A MÃE DE VOCÊS, QUE SOMOS OS REIS RESPONSAVÉIS DAQUI E POSSUIMOS AS ESTRELAS MAIS MASSIVAS E MAIS PODEROSAS EXISTENTES EM ÓRION!

— ELES DECRETARAM ISSO PARA TODAS AS CONSTELAÇÕES...
— JUSTO PARA ELE NÃO TER A MINIMA CHANCE DE ESCAPAR!
— ESSAS SÃO AS ORDENS VINDAS DO TOPO DA HIERARQUIA DA MONARQUIA GALÁCTICA!

— SÓ O POUPAMOS AQUI, POR CAUSA DA MÃE DE VOCÊS BETEL, QUE PLANEJA USA-LO AO NOSSO FAVOR, PARA PROTEGER OS ERRANTES NASCIDOS DO NOSSO POVO!

— E MESMO ASSIM...
— MESMO COM TODOS OS RISCOS QUE CORREMOS...
— TODOS VOCÊS SEM EXCEÇÃO...
— COLOCARAM TUDO ISSO EM RISCO, LUTANDO CONTRA ELE SEM A NOSSA AUTORIZAÇÃO E IGNORANDO AS NOSSAS ORDENS DE TRAZÊ-LO EM SEGURANÇA E SIGILO ABSOLUTO ATÉ NÓS!

— PRINCIPALMENTE VOCÊ SAIPH!

— DESSA VEZ, VOCÊ SERÁ PERDOADO!
— MAS COMO EU DISSE...
— NÃO HAVERÁ PRÓXIMA VEZ!

— EU FAREI TUDO O QUE FOR POSSÍVEL PARA PROTEGER A MINHA CONSTELAÇÃO!
— E EU ESPERO QUE APARTIR DE HOJE, VOCÊS FAÇAM O MESMO!

(Todos ainda permanecem curvados, com as suas cabeças baixas para o Rei Rígel prestando reverência as suas palavras.)

Saiph:
— Peço perdão Majes...

Rei Rígel:
— CALE-SE!
— NÃO QUERO OUVIR MAIS NENHUMA PALAVRA SUA!

(O Saiph chora com medo do Rei.)

Princesa Alnilam:
— Papai!
— Eu peço perdão em nome das Estrelas Três Marias!
— E prometo que...
— Isso não vai se repetir mais!

(A Princesa Alnilam olha para a Princesa Alnitak que sorrir sarcasticamente a encarando.)

Princesa Mintaka:
— Eu não queria dizer nada mas...
— GENTE O REI DEUS ESTÁ MORRENDOOOOO!

(Todos olham para o corpo do Saiph e para o chão cheio de sangue do Rei Solar.)

Rainha Betegeuse:
— VAMOS!

— NÃO TEMOS TEMPO A PERDER!
— ELE ESTÁ PERDENDO MUITO SANGUE!

(A Rainha Betegeuse estende a mão direita para o Rei Solar e na mesma hora a gravidade do corpo dele é alterada instantâneamente e isso faz com que o corpo dele comece a flutuar deitado reto sobre a gravidade, após sair lentamente das costas do Saiph que o carregava.)

Princesa Mintaka:
"— As afinidades da minha mãe com as quatro forças fundamentais da natureza são incríveis!"
"— Principalmente essa com a força gravitacional!"
"— Com apenas um simples gesto da sua mão direita, ela consegue influenciar e manipular a gravidade de qualquer objetos ou corpos!"

Rainha Betegeuse:
— GUARDAS!
— LEVEM-NO PARA ALA MÉDICA DO CASTELO!

— TERCEIRA ESCADARIA QUARTO 3!
— RÁPIDO!
— VAMOS TENTAR SALVÁ-LO!

Soldados Armaduras De Ouro:
— Sim Majestade!

(Quatro soldados saem dos seus postos sincronizadamente e colocam as mão sobre o Rei Solar que flutua sob a gravidade, executando assim a ordem imediata da sua Estrela Rainha.)

Princesa Alnilam:
— EU VOU COM VOCÊ MAMÃE!

Princesa Mintaka:
— Eu também!
— Talvez eu seja útil com os meus conhecimentos científicos!

(As duas Princesas se levantam e seguem os soldados com o Rei Solar e a Rainha.)

Princesa Alnitak:
— Não vou perder o meu tempo!
— Por mim que ele morra!
— Estou indo para o meu quarto!
— Não me incomodem!

Rei Rígel:
— Alnitak!

(A Princesa Alnitak viras as costas para o Rei Rígel e sai o deixando falando sozinho, os soldados Estelares próximos a ele, tocam em sua espadas preparados para atacá-la pelo o desrespeito para com o seu Rei, mas o Rei acena com a cabeça para eles, permitindo e deixando ela ir.)

(Alguns minutos depois...)

(O Sol brilha sobre os céus do País Da Constelação De Órion. Os raios solares entram pela a janela do quarto no castelo onde está o Rei Solar, flutuando quase nú, a poucos centímetros sobre uma cama médica ensaguentada, com os seus ferimentos todos expostos. Os olhos da Rainha Betegeuse brilham sobre ele junto com as suas mãos, que passam continuamente a alguns centímetros acima e abaixo do seu corpo, avaliando cuidadosamente todos os seus ferimentos externos e internos.)

Rainha Betegeuse:
— Pelo visto...
— Ele foi atacado por diversos golpes e ataques, antes mesmo de chegar aqui por outras Estrelas com outras **afinidades**!
— Isso significa que ele havia acabado de sair de outro combate!

— São tantas cicatrizes incuráveis que ele possui sobre o seu próprio corpo que eu mal consigo contar!

(O brilho vermelho dos olhos estelares dela aumentam, focando em alguns pontos específicos como o tórax, o peito esquerdo e as costas. A luminosidade ocular da Rainha e a sua precisão ocular, permite que ela veja através da pele do corpo dele utilisando raios-x, facilitando assim o diagnóstico com uma imensa e incrível precisão.)

Rainha Betegeuse:
— Vejo vestígios de ataques elétricos passando por toda a parte interna do seu corpo...
— E ele ainda possui muitos estilhaços das borboletas da Mintaka introduzidas profundamente em diversos lugares!

— Mas tudo indica...
— Que o mais fatal realmente, foi o Soco Super Massivo do Saiph!
— Ele foi o que causou mais danos severos!

— Devido a eletricidade que o imobilizou...
— Atrapalhando assim a sua regeneração...
— Fez com que o ataque dele fosse sentido muito mais forte do que deveria...
— E mesmo ele sendo poderoso...
— Ele não foi capaz de resistir tamanha força!

— Boa parte das suas veias e artérias Galácticas, que são as principais responsáveis pela a nossa regeneração...
— Foram completamente destruídas!

— Infelizmente...
— É tarde demais para o Rei Deus!

Princesa Alnilam:
— Não pode ser mamãe!

(Os olhos da Princesa Alnilam se enchem de lágrimas.)

Rainha Betegeuse:

— Ele praticamente...
— Já está morto querida!
— Infelizmente!

— Não há o que podemos fazer para ajudá-lo!
— É só questão de tempo para ele dar o seu último suspiro e...
— O brilho da sua Estrela...
— Se apagar.
— Eu sinto muito!

(A Princesa Alnilam se ajoelha para a sua mãe, implorando para que ela continue tentando ajudar o Rei Deus.)

Princesa Alnilam:
— Por favor mamãe!
— Não desista ainda...
— Ele não pode morrer assim!

— Todos os Planetas Errantes...
— Dependem dele para sobreviver!
— Não podemos ser o culpado de sua morte!

(A Rainha respira fundo, sentindo o aperto no coração e a tristeza de sua filha e continua havaliando o corpo do Rei.)

Rainha Betegeuse:
— Mas querida...

Princesa Mintaka:
— A Alnilam tem toda a razão Mamãe!
— Não podemos ser os culpados pela a morte do Rei Deus!

Princesa Alnilam:
— Eu sei que você consegue mamãe!
— Além de guerreira...
— Você é a segunda Rainha com mais experiência em medicina em todo o mundo Galáctico!
— Por favor!
— Não podemos deixar o Rei Deus morrer!

Princesa Mintaka:
— Confiamos em você mamãe!

(Ela olha para os olhos das suas filhas cheios de lágrimas e olha para o Rei Solar flutuando sobre a sua gravidade.)

Rainha Betegeuse:
— ACENDAM AS SUAS MARCAS AO MÁXIMO!
— VOU PRECISAR DE MAIS ILUMINAÇÃO!

(As duas acenam com a cabeça com esperança e apontam as suas marcas para o Rei Solar, aumentando as intensidades dos seus brilhos ao nível máximo.)

Rainha Betegeuse:
— AQUI!
— PRÓXIMO AO CORAÇÃO!
— ACHEI MAIS ESTILHAÇOS!
— REMOVA MINTAKA!

Princesa Mintaka:
— Sim Mamãe!

(A Princesa Mintaka move a mão acima do corpo do Rei Solar, próximo ao seu coração usando o seu magnetismos e diversos estilhaços das borboletas de ósmio saem do corpo dele formando uma pequena esfera.)

Pensamento Da Rainha Betegeuse:
"— Na verdade..."
"— Era para ele ter morrido na mesma hora que foi atingido!"
"— Pois..."
"— Receber um soco super massivo do Saiph em cheio é mortal, até pra mim!"

"— A força dele é totalmente destrutiva até para Estrelas super massivas como eu!"
"— Mas mesmo assim..."

"— Esse Rei sobreviveu até aqui!"

(Após a remoção dos estilhaços do coração do Rei Solar, a Rainha permanece com os olhos brilhando intensamente olhando através do seu corpo, dentro das suas profundas feridas.)

Pensamento Da Rainha Betegeuse:
"— Mesmo inconciente e a beira da morte..."
"— Eu quase não sinto a sua atração gravitacional!"
"— E não é como se ele já estivesse morto..."
"— É como se ele estivesse se ocultando propositalmente!"

(A Rainha olha para a marca do sol na mão do Rei Solar e vê os fótons do sol se fundindo a ela.)

Pensamento Da Rainha Betegeuse:
"— O que é isso???"

(Ela se aproxima mais dele e segura a sua marca intrigada, abrindo os seus dedos e olhando com os seus poderosos olhos de raio-x.)

Pensamento Da Rainha Betegeuse:
"— O que está acontecendo???"
"— A Marca dele está tentando se auto-regener sozinha, absorvendo os fótons e a energia solar???"

"— Como isso é..."
"— Possível???"

"— Que poder é esse???"

"— Eu em todo o meu tempo de guerreira..."
"— Nunca ví nada igual!"

"— Então..."
"— Se ela está fazendo isso, pode ser que seja possível..."

"— Já sei!"

Rainha Betegeuse:

— Eu preciso que alguém ajude o Rei Deus!

— Transferindo energia diretamente para ele, de marca para marca!

— Ele está tentando se auto-regenerar através do sol, mas talvez a sua própria energia não seja o suficiente!

— Talvez se o ajudar-mos com mais energia estelar ele consiga sobreviver!

(As duas olham para a Rainha surpresas e assustadas com o que acabaram de ouvir.)

Princesa Alnilam:

— O que mamãe???

— Se auto-regenerando através do sol???

Princesa Mintaka:

— Santo Átomo!

— Como assim mamãe???

— Isso para as nossas marcas estelares é...

— Impossível!

— Não há ninguém no mundo capaz de fazer isso!

Princesa Alnilam:

— Estranho isso!

— Como vamos ajudá-lo com mais energia???

Princesa Mintaka:

— É mamãe...

— Segundo a ciência Estelar...

— As nossas marcas não são capazes de compartilharem energia uma com as outras!

— A energia estelar, é intransferível!

— Isso também é totalmente impossí...

Rainha Betegeuse:

— MINTAKA!
— ALNILAM!

— INFELIZMENTE FILHAS, NÃO TEMOS TEMPO PARA ENTENDER O QUE ESTÁ ACONTECENDO!

— MAS, VAMOS TENTAR FAZER O QUE ESTIVER AO NOSSO ALCANCE!

— COMO A ALNILAM HAVIA DITO...
— E VOCÊ TAMBÉM MINTAKA...

— MUITOS PLANETAS ERRANTES DEPENDEM DELE...
— E VOCÊS ESTÃO COM TODA A RAZÃO!
— NÃO PODEMOS SERMOS O CULPADO DE SUA MORTE!

— CHAME O SEU PAI AQUI IMEDIATAMENTE...
— E PEDIREI QUE ELE TRANSFIRA ENERGIA PARA O REI DEUS!
— MESMO TENDO QUASE CERTEZA DE QUE ISSO É IMPOSSIVEL...
— VAMOS AO MENOS TENTAR SALVA-LO!

(A Princesa Alnilam corre para perto do Rei Solar e segura a sua mão direita com a sua mão direita.)

Princesa Alnilam:
— NÃO MAMÃE!
— EU!
— EU FAREI!

Rainha Betegeuse:
— Mas...
— Isso te deixará fraca filha!
— Eu pensei em chamar o seu Pai...
— Pois ele possue muito mais energia do que vocês e até mais do que eu!

— Eu até poderia tentar, mas só não o faço, pois é muito

arriscado para a minha idade...

— Isso poderá me causar um colapso gravitacional e colocar em risco a vida de todos em nossa constelação!

— Então, a nossa melhor opção é o seu pai!

— Além dele possuir mais energia do que a gente, ele também conseguirá mantê-la por mais tempo!

Princesa Alnilam:

— Eu consigo Mamãe!

— Confia em mim!

— Essa será a minha forma de pedir perdão pelo o nosso erro para com o Rei Deus, em nome das Três Marias eu farei!

— Estamos em divida com ele!

(A Princesa Alnilam segurando a mão do Rei Solar, começa a tentar transferir energia para a marca dele através de sua marca estelar. No momento em que ela toca a marca dele surge um grande brilho intenso e azul ao redor dos dois, que ilumina todo o quarto do castelo.)

Pensamento Da Rainha Betegeuse:

"— Ela aumentou a sua energia ao máximo e está motivada!"

"— E como sempre..."

"— Ela vai dar o melhor de sí..."

"— Então eu acho que talvez..."

"— Pode ser que ela consiga!!!"

"— Vamos rezar para que assim seja!"

"— Mas, se nescessário não exitarei em chamar o seu pai Rígel!"

"— Essa Estrela é muito importante para todo o universo Galáctico!"

(Um mês depois...)

(A chuva cai sobre o País Da Constelação De Órion e a Princesa Alnilam ainda permanece ao lado do Rei Solar segurando a sua mão direita dentro do quarto do castelo. O seu cansaço transparece em seu rosto, as suas olheiras são escuras e profundas. Já quase não existe mais energia em seu corpo, mas ela permanece perseverante e esperançosa ao seu lado.)

Rainha Betegeuse:
— Filha!
— Você precisa descansar!
— Você está cada vez mais fraca!

Princesa Alnilam:
— Eu...
— Consigo mamãe!
— Eu não vou deixa-lo morrer!
— Confia em mim!

(A Princesa Alnilam aumenta a intensidade do poder da sua marca.)

Pensamento Da Rainha Betegeuse:
"— Coitadinha..."
"— Ela está retirando energia da onde não tem..."
"— Por todo esse tempo eu tentei várias vezes convencê-la a desistir mas..."
"— Ela não desiste!"

"— Deve ser porque ela realmente se sente culpada, pelo o ocorrido."

(A Rainha Betegeuse coloca uma bandeja com comida fresca, frutas e suco natural em cima da pequena mesa de madeira ao lado da cama. E com uma escova arredondada em sua mão, ela vai para atrás da sua filha Alnilam, que está sentada ao lado da cama do Rei Solar e começa então a pentear os longos cabelos brancos azulados da sua filha.)

Pensamento Da Rainha Betegeuse:
"— Eu lembro que..."

"— Quando ela soube que existia um Rei Deus, que estava salvando e protegendo os Planetas Errantes e os seus descendentes..."

"— Eu lembro que os olhos dela brilharam de fé e esperança."

"— Ele serviu de inspiração para ela, mesmo sem ela o conhecê-lo."

"— Isso porque, assim como ele..."
"— Ela sempre os protegeu também e os defendeu desde pequena..."
"— Me ajudando a escondê-los aqui no País Da Constelação De Órion."

"— Quando ela soube das histórias do Rei Deus e quando ela descobriu que ele realmente era real..."
"— Ele mesmo distante..."
"— Ajudou a aumentar a sua fé, de que tudo um dia poderia mudar..."

"— E foi por isso, que decidimos atraí-lo e chamá-lo para a nossa constelação..."
"— Tudo para tentarmos fazer uma aliança com ele que ajudasse ambos..."
"— Mas infelizmente deu tudo errado."

"— Deve ser por isso que por todo esse tempo..."
"— Ela não saiu do lado dele..."
"— Durante todos esses dias..."
"— Ela não soutou a sua mão, por um segundo se quer."

"— Ela deve se culpar, pois se não tivéssemos o chamado, ele com toda certeza estaria bem."

"— Ela..."
"— Das Três Marias..."
"— É a que tem o maior e o mais doce coração!"

(Alguns dias depois...)

(Após muitos dias desacordado, o Rei Solar acorda do coma

profundo. Ele abre os olhos mas continua deitado e imóvel.)

Pensamento Do Rei Solar:
"— Onde será que eu estou?"
"— Que energia é essa que eu estou sentindo por tanto tempo?"
"— É a energia mais pura..."
"— Que eu já senti..."

(O Rei Solar olha para o seu lado direito e vê a Princesa Alnilam sentada ao seu lado, segurando a sua mão, com a sua energia estelar brilhando fracamente na cor azul.)

Pensamento Do Rei Solar:
"— Então..."
"— Essa energia que senti por todo esse tempo vem, dela?!"
"— Será essa umas das que me atacou ou a que chegou por último?"

"— Ela parece está tentando me ajudar com a sua própria energia..."
"— Mas..."
"— Por que???"

"— Eu não sou capaz de absorver a energia da marca estelar de outras Estrelas."
"— Ou melhor..."
"— Nenhuma Estrela é!"

(O Rei Solar aperta levemente a sua mão e a Princesa Alnilam sente.)

Princesa Alnilam:
— Não...
— Pode ser...
— Ele...
— Acordou???

— MAMÃEEEEEEEEEEEEEEEEEEEE!
— MAMÃEEEEEEEEEEEEEEEEEEEE!

(Os olhos da Princesa Alnilam brilham e se enchem de lágrimas ao ver o Rei Solar acordado, mas após isso ela desmaia de cansaço, caindo sobre o chão.)

Rainha Betegeuse:
— Filha?
— Me chamou?

— FILHAAAA???
— O QUE HOUVE???

(A Rainha Betegeuse corre para socorrer a Princesa caída no chão e ao se aproximar dela, ela olha sem querer para o Rei Solar e enfim tem a grande surpresa. O Rei Deus acordou. Ela se surpreende ao ver que ele está com os olhos abertos e fica paralisada, desacreditando do que está vendo, com os seus lábios tremendo e os seus olhos cheios de lágrimas também.)

Rainha Betegeuse:
— REI...
— DEUS?!
— VOCÊ...
— ACORDOU???

— EU PENSEI QUE...
— VOCÊ JÁ ESTIVESSE MORTO!

(A Rainha Betegeuse chora emocionada, enquanto o Rei Solar tenta se levantar da cama, já o Rei Rígel que estava sentado em seu trono real, ao sentir uma grande quantidade de energia fluindo e se acumulando, vinda de dentro do seu próprio castelo, começa então a correr assustado e rapidamente em direção ao quarto em que o Rei Solar está para ver o que está acontecendo.)

Pensamento Do Rei Rígel:
"— O QUE É ISSO???"
"— SERÁ UMA INVASÃO???"

"— TODA ESSA ENERGIA COMEÇOU A FLUIR AQUI DENTRO DO NADA!"
"— O QUE ESTÁ ACONTECENDO???"

"— SERÁ UM INIMIGO???"

(Ele teme que seja uma invasão e continua correndo em alta velocidade.)

Pensamento Do Rei Rígel:
"— ESSA ENERGIA..."
"— DEVE SER DE ALGUÉM MUITO PODEROSO E PERIGOSO..."
"— PARA CONSEGUIR OCULTÁ-LA E FAZÊ-LA APARECER ASSIM TAÕ PERTO E TÃO RÁPIDO, SEM QUE EU PERCEBESSE SE APRÓXIMANDO!!!"

"— SÓ PODE SER DE UMA ESTRELA REAL SUPER MASSIVA!"

(O Rei Rígel se transforma no caminho e os seus olhos brilham intensamente na cor azul junto com a sua áurea da transformação, tudo isso em milésimos de segundos, mas o seu desespero foi tanto que para ele, parecia uma eternidade.)

Pensamento Do Rei Rígel:
"— EU TENHO QUE PROTEGER ÓRION!"
"— ESSA ESTRELA..."
"— ESSA ENERGIA..."
"— NÃO VAI ACABAR COM TUDO O QUE EU CONSTRUIR!"

(Os Soldados Armadura De Ouro do Rei Rígel ao verem ele transformado, se transformam também e o seguem armadaos com as suas lanças e espadas prontos para o combate.)

Pensamento Do Rei Rígel:
"— ESPERA AI!"
"— ESSA ENERGIA!"

"— EU RECONHEÇO ELA!"

"— ESSA ENERGIA..."
"— É A MESMA ENERGIA DO..."

(Raio De Luz.)

(O Rei Rígel para na porta do quarto e olha para a cama de onde vem um brilho intenso e amarelo.)

Rei Rígel:
— O que???
— Ele...
— Está vivo???

(Os soldados assustados param todos atrás do Rei Rígel, se perguntando para si mesmos: " O que está acontecendo dentro do quarto, onde havia uma Estrela morta a dias?".)

(Alguns dias depois...)

(Após alguns dias de recuperação do Rei Solar e da Princesa Alnilam, todos os conflitos entre todos foram esclarecidos e perdoados. E assim uma grande aliança foi formada, entre uma das Dez Grandes Constelações, que está em décimo lugar na hierarquia da monarquia constelacional, chamada de: O País Da Constelação De Órion e entre a Ilha Do Sol, que é o lar secreto dos Planetas Errantes e dos seus descendentes. A aliança foi selada com o sangue da Estrela Rainha Betegeuse e com o sangue do Rei Solar, o lendário Rei Deus.

Algumas horas depois da grande aliança ser firmada, os dois saem do majestoso castelo e caminhão lado a lado em direção ao grande porto de Órion que fica ao sul da constelação, sendo acompanhados por uma grande quantidades de guardas Armadura De Ouro, que protegem a Rainha Betegeuse por todos os lados e direções. Após horas de conversas durante a caminhada, finalmente eles chegam ao grande porto, onde possui diversos navios gigantes com as bandeiras azuis do País Da Constelação De Órion no topo dos seus mastros. Centenas de soldados Armaduras De Bronze, juntamente com muitos marinheiros, caminham trabalhando por todas as partes, todos fardados e organizados, como era de se esperar da Décima Grande Constelação mais ricas e mais poderosa de todo o mundo galáctico.)

Rainha Betegeuse:
— Em fim chegamos, me perdoe Rei Solar pela a indecência, mas as varizes das minhas pernas estão me matando.

Rei Solar:
— Sem problemas Rainha.

(O Rei Solar fecha os olhos.)

Rainha Betegeuse:
— Isso será rápido.

(A Rainha Betegeuse levanta a barra do seu vestido vermelho com rosas brancas bordadas e olha para as suas próprias pernas. E então, os olhos dela começam a brilhar na cor vermelha, na mesma hora as suas pernas aos poucos começam a se rejuvenescer e todas as suas varizes somem como se fosse um passe de mágica. Quando na verdade, ela apenas usou a sua marca estelar para aumentar o poder da sua regeneração física, concentrando ela em suas próprias pernas.)

Rainha Betegeuse:
— Ai que aliviu...
— Melhorou!
— Prontinho Rei, vamos descer as escadas do porto!

(A Rainha Sorrir.)

(Eles então começam a descer as grandes escadas de pedras que levam para o porto e todos presentes que estão subindo e descendo as escadas, ao verem que é a Rainha da constelação, com os seus exércitos que estão presentes, se curvam imediatamente diante dela a saudando, desmostrando respeito e lealdade, esperando ela passar.)

Rainha Betegeuse:
— Rei Solar.
— Está vendo aquele grande navio, com aquela bandeira branca no topo a direita?

(A Rainha Betegeuse aponta para o mar mostrando a direção.)

Rei Solar:
— Sim Majestade.

Rainha Betegeuse:
— Então...
— Aquele é o Capitão Macabro, ele te levará em segurança para Ilha do Sol...
— E a pedido dele mesmo, decidimos cedê-lo a você...
— Então, apartir de hoje ele te servirá como o seu fiel marinheiro na sua busca pelos os Planetas Errantes pelo o mundo!

— Esse é mais um dos presentes de Órion a você...
— Espero que você o aceite ao seu lado.

— Ele é um Planeta muito habilidoso e o melhor Capitão marinheiro que temos!
— Nascido em nossa constelação e sempre nos sérvio com muita lealdade!
— Fora que também, ele é um dos únicos que conhece todos os 7 mares, como a palma da sua mão!

(O Capitão Macabro acena para o Rei Solar e o Rei Solar acena para ele de volta sorrindo.)

Rainha Betegeuse:
— Junto com ele está indo muitos sobreviventes Planetas Errantes, que vivem aqui escondidos em Órion já há muito tempo, sobre a nossa proteção.
— Todos eles também concordaram em ir com você, pois todos

sabem que aqui em nossa constelação já não é mais seguro.

(Som de gaivotas voando e pescando.)

Rainha Betegeuse:
— Ah!
— Uma dessas Planetas Errantes é a Bella.
— Ela é filha da Estrela Rainha Bellatrix, que é uma grande amiga minha e companheira de guerra também de longa data.
— A pedido dela, a Bella está indo junto com vocês.

— Como eu havia te falado na reunião da nossa aliança...
— Aqui em Órion se tornou um lugar muito perigoso para todos eles, devido agora a nossa Constelação fazer parte das Dez Grandes Constelações...
— E por isso, nós agora estamos sendo vistos como o alvo mais fácil da monarquia para ataque das pequenas constelações...
— Com isso elas tentaram nos investigar até conseguir roubar a qualquer custo o nosso lugar no ranking constelacional, então não podemos cometer erros e nem abaixar a guarda.
— Pois qualquer coisa para todos eles, inclusive traição, são imperdoáveis.
— E se eles descobrem que protegemos e escondemos os Planetas Errantes aqui por todos esse tempo, toda a nossa constelação com toda certeza será...
— Dizimada e reduzida a pó!

— Mas mesmo assim.

— Assim como você...
— Eu sinto no fundo do meu coração...
— Que salvar a vida desses Planetas Errantes e dos seus descendentes é a coisa certa a fazer!
— Mesmo que isso um dia custe a minha vida, a da minha família e a da minha constelação.
— Eu não irei percegui-los, escraviza-los e muito menos matá-los, como todas as outras fazem.

— Ser um Galáctico e ser uma Estrela para mim, vai muito mais
além disso!
— Oprimir os mais fracos para mim é fora de cogitação!
— E não a nada, nem ninguém que me obrigará a isso!

— Eu posso estar velha...
— Mas meu princípios ainda continuam intactos...
— E eu não vou permitir que eles sejam destruídos pelo o
tempo, por nada e nem por ninguém!

(O Rei Solar curva a cabeça diante da Rainha com gratidão,
concordando plenamente com todas as suas palavras de
sabedoria, enquanto os dois chegam ao fim das escadarias de
pedra do porto.)

Rei Solar:
— Perfeito Rainha Betegeuse...
— Concordo com a Senhora e com todas as suas palavras!
— Pode contar comigo para protegê-los com a minha vida!
— Todos eles serão bem recebidos em nossa Ilha e farão parte
da nossa grande família!

(O Rei Solar fecha o punho direito e a sua marca brilha.)

Rainha Betegeuse:
— Conto com você Rei Solar.
— Para mim, eles fazem parte da constelação de Órion como
todos os outros.

— Ah e tem mais.

— Como o Senhor disse que a Ilha do Sol tem o solo fértil e
muito produtivo...
— Faremos negócios com vocês de exportação e importação de
café, frutos, verduras, grãos e pedras preciosas!

— Distribuindo, negociando e intermediando com as outras
Constelações...

— Isso aumentará a sua produtividade e também trará mais riquezas para as suas terras e também para as nossas, trazendo benefícios para ambos!

Rei Solar:
— Sério Rainha?
— Vocês faram isso por nós?
— Eu não sei...
— Nem como agradecer...

— Tivemos muitas dificuldades no decorrer do tempo para enriquecer a Ilha na parte financeira, porque só podemos fazer as exportações as escondidas e com as pequenas constelações, pois não temos apoio de nenhuma constelação e de mais ninguém...
— A Senhora fazendo isso, nós ajudará a evoluí-la cada vez mais rápido.
— Dando emprego para todos e colocando comida em suas mesas.

Rainha Betegeuse:
— Realmente...
— Isso ajudará ambas as partes ajudando a alcançar os objetivos de ambos.

— Quem sabe a nossa constelação de Órion crescendo e subindo tanto financeiramente como em força militar estelar, ficando cada vez mais próximo do topo do ranking da hierarquia monárquica e se tornando cada vez mais influente no mundo galáctico, nós todos juntos, conseguimos mudar as coisas no futuro?

— Eu, com o meu marido Rei Rígel e a nossa constelação ao meu lado e você com o seu poder e todos os Planetas Errantes e seus descendentes que você protege, fora os que ainda estão espalhados pelo o mundo...
— Talvez, conseguimos também mais aliados de outras

constelações unindo forças e assim mudar as Leis e todo o mundo Galáctico!
— E enfim colocar um fim a todo esse genocídio!

Rei Solar:
— Isso seria incrível Rainha...
— É com essa grande mudança no mundo galáctico que eu sonho todos os dias e todas as noites da minha vida.
— É por isso que eu luto continuamente para que um dia, todos tenham o direito de ser feliz e viver em paz.

— A Senhora e o seu marido me ajudando, com toda certeza ficará mais fácil de alcançar esse grande objetivo, então pode contar comigo para tudo!
— Para tudo o que der e vier.

— Estou até sem palavras para descrever tamanha gratidão, por tudo isso o que a Senhora e a sua constelação estão fazendo por nós.

Rainha Betegeuse:
— Apenas os proteja Rei Deus como você sempre fez.
— Esse é o maior agradecimento que podemos receber.
— E mais uma vez nos desculpe por tudo o que aconteceu com você em nossa constelação.

(A Rainha Betegeuse curva a sua cabeça para o Rei Solar que também faz o mesmo.)

Rei Solar:
— Eu que agradeço Rainha Betegeuse...
— Muito obrigado por tudo...
— Do fundo do meu coração.

— Agradeça as suas filhas por mim também...
— Principalmente a Princesa Alnilam...

— Ela mesmo sem saber se a energia dela me ajudaria a me recuperar ou não, mesmo assim...

— Ela tentou me ajudar até o fim.
— Como você havia me dito, ela permaneceu todos os dias ao meu lado.

— Essa foi a maior prova de confiança que tive vinda de vocês.
— E por isso confio em todas as suas palavras minha Rainha e nas palavras do seu marido, Rei Rígel.
— E pode confiarm em mim também, eu serei fiel até o fim a nossa aliança de sangue!

Rainha Betegeuse:
— Eu digo o mesmo Rei.
— E em falar na minha filha...
— Ela está ali, escondida atrás daquela árvore, com vergonha de se aproximar de você eu acho...

(A Rainha aponta para uma grande árvore que fica no porto.)

Rei Solar:
— Mas qual é essa?
— As suas filhas Três Marias são tão idênticas, que é impossível para mim saber identificar quem é quem.

(A Rainha Sorrir.)

Rainha Betegeuse:
— Isso é normal...
— Poucos, muitos poucos mesmo, conseguem distinguir quem é quem...
— Eu como mãe já estou acustumada, mas elas são tão identificas que causam confusão na mente de quem não as conhecem.

— Aquela ali é a Alnilam, foi ela mesma que ficou ao seu lado por todo o tempo, enquando você estava em coma.

(Os olhos do Rei Solar brilham, o seu coração acelera sentindo uma profunda gratidão.)

Rei Solar:
— Alnilam...
— Ainda sinto o calor da sua energia.

Rainha Betegeuse:
— Ah, em falar nisso...
— Ela mandou te entregar isso!

(Um soldado se aproxima da Rainha com uma almofada vermelha e no meio da almofada há um colar com uma pedra esverdeada em cima.)

Rei Solar:
— Hum...
— Muito obrigado Majestade...
— Mas...
— O que isso?

(O Rei Solar olha para o colar admirado com o seu brilho.)

Rainha Betegeuse:
— Essa é uma pedra muito preciosa e rara!
— Ela muda de cor dependendo da quantidade de luz do sol que ela recebe...
— Na luz do sol ela apresenta a cor verde-oliva, mas quando exposta a luz de lamparinas, sua cor muda para vermelha.
— O nome dela é Alexandrita!

Rei Solar:
— Nossa que Incrível Majestade!
— E eu não tenho nada aqui para dar pa...
— Não, espera ai!

(Rei Solar coloca a mão no seu pescoço e arranca o seu colar.)

Rei Solar:
— Toma Majestade...
— Entregue isso para ela...

Rainha Betegeuse:
— Uau...
— Que pedra linda!
— Eu nunca vi nada igual!

(O brilho da pedra encanta os olhos da Rainha e dos soldados que estão presentes.)

Rei Solar:
— Realmente Majestade...
— É muito linda...
— O cordão é de ouro puro, mas ele não é tão valioso quanto ao que ela me deu!

— Mas...
— Essa pedra no pingente...
— É a pedra mais preciosa para nós moradores da Ilha Do Sol!

— Essa é a "Pedra Do Sol".
— Que é o cristal mais abundante em nossa ilha!

— Não possui um grande valor financeiro...
— Mas possui um grande valor sentimental e emocional...
— Para mim e para todos ós moradores da Ilha do sol.
— Ela nos representa paz, saúde e o principal que todos nós buscamos...
— Liberdade!

Rainha Betegeuse:
— Incrível Rei Solar...
— Eu tenho certeza que ela vai adorar esse presente, ainda mais por ela ser muito sentimental.
— Se comparada as suas outras duas irmãs, ela é a que possui o mais doce e bom coração.

— Mas...
— Pensando bem...

— Por que você não entrega pessoalmente a ela...
— Ela com toda certeza vai amar ainda mais.

(O Rei Solar olha para a Princesa Alnilam atrás da árvore mexendo nas flores.)

Rei Solar:
— A Senhora acha que eu deveria?

Rainha Betegeuse:
— Não tenha medo, só cuidado para não ter um ataque do coração, sinto os seus batimentos cardíacos daqui.
— Sou velha mas não sou boba!

(O Rei Solar fica envergonhado e alguns soldados sorriem disfarçadamente.)

Rei Solar:
— Me perdoe Rainha...
— É que eu não consigo controlá-lo quando eu a vejo...
— Na verdade, eu nunca consigo.

Rainha Betegeuse:
— Sem problemas Rei Solar...
— Eu sei que você, igualmente ela, tem um bom coração...

— Em falar em bom coração...
— Você também tem um problema grave em seu coração Rei Solar!

(O Rei Solar olha sério para a Rainha.)

Rei Solar:
— Então, a Senhora já descobriu?

Rainha Betegeuse:
— O Senhor já sabia?

Rei Solar:

— Na verdade não...
— Mas...
— Eu sempre senti que havia algo de errado com ele.

Rainha Betegeuse:
— Entendo.
— Mas em outro momento mais propío conversaremos melhor sobre isso.

Rei Solar:
— Sim Rainha.

Rainha Betegeuse:
— Sobre a minha filha...
— Pode ir lá falar com ela...
— Você tem a minha permissão!

(A Rainha sorrir e acena para o guarda próximo a Princesa Alnilam se afastar. E então o Rei Solar se aproxima.)

Rei Solar:
— Me desculpe te interromper Princesa Alni...

Princesa Alnilam:
— PARADO!
— NÃO SE APRÓXIME!
— NÃO DÊ MAIS NENHUM PASSO!

(A Princesa Alnilam grita, levantando a mão para o Rei Solar ficar parado e ele a olha envergolhado e surpreso.)

Rei Solar:
— Me desculpe Princesa, eu não deveria ter vindo até vo...

Princesa Alnilam:
— Silêncio!

(Som de passarinho piando.)

Princesa Alnilam:

— Que fofinho...
— Ele nasceu!

Rei Solar:
— Ele nasceu?
— Do que você está falando?

Princesa Alnilam:
— Dele olha...

(A Princesa Alnilam abre as flores no meio do chão e os dois olham.)

Rei Solar:
— Isso é...
— Um ninho de passarinho?
— Com um passarinho dentro?
— Nossa...
— E que ninho grande!

Princesa Alnilam:
— Na verdade...
— É um nilho de albatroz...
— Eles geralmente constroem os seus ninhos próximo ao porto, para facilitar a alimentação dos filhotes com os peixes do mar...
— Mas, devido ao vento, esse ninho caiu da árvore no chão, por isso vim ajudá-lo.

Pensamento Do Rei Solar:
"— Nossa..."
"— E eu e a Rainha pensando que ela estava com vergolha de falar comigo..."
"— Que tolo foi eu..."

Princesa Alnilam:
— E quando cheguei aqui perto, vi o ovo do albatroz caído no chão e então o peguei e o coloquei de volta no ninho...

— Ele estava rachado devido a queda, mas mesmo assim...
— Ele acabou de chocar e o bebezinho albatroz nasceu com vida.
— Me desculpe ter te empedido de pisa-lo.
— É que se acaso você não tivesse parado com o meu grito, eu teria que te atacar!
— Por isso preferi gritar.

Rei Solar:
— Ah...
— Sem problemas Princesa.
— Me perdoe por ter me apróximado sem a sua permissão.

(Som de dois Albatroz adultos voando e gritando sobre a árvore desesperados e procurando o seu ninho.)

Rei Solar:
— Aqueles devem ser então os pais dele então.

(A Princesa Alnilam pega o ninho na mão e começa a flutuar sobre a gravidade, até a árvore para colocar o ninho de volta no lugar com o filhote de albatroz dentro, mas mesmo assim após isso, os pais dele continuam a gritar e a bater as asas.)

Rei Solar:
— Espera...
— O que é aquilo alí se mechendo?

(O Rei Solar vê mais um albatroz filhote e mais um ovo fechado, espalhados dentre as flores próximo a árvore do porto.)

Rei Solar:
— Princesa, eu acho que tem mais dois aqui!

(Um albatroz filhote tenta se esconder.)

Rei Solar:
— Olha alí!
— Um até já nasceu e está até caminhando.

— O outro ainda está dentro do ovo.

Princesa Alnilam:
— Legal você encontrou mais dois...
— Traga-os para o ninho também.
— Esses eu não os ví quando estava ai em baixo...

Rei Solar:
— Eles estava mais distantes do seu ninho.

(O Rei Solar os pega nas mãos e começa a flutuar sob a gravidade para levá-los para o ninho.)

Princesa Alnilam:
— Dois já nasceram agora só faltou um...
— Esse que você trouxe parece que nasceu antes do que o que eu peguei...
— Olhe as asas e o bico, como estão mais bem formadas.
— E ainda esse é mais bravo.

(O albatroz filhote bica o outro que acabou de nascer e também bica o ovo.)

Rei Solar:
— Você tem razão.

(Os pais dos albatroz se acalmam e se aproximam do ninho e o Rei e a Princesa se afastam flutuando, enquanto a casca do terceiro ovo começa a rachar aos poucos.)

Rei Solar:
— Eu acho que esse último já vai nascer...

Princesa Alnilam:
— Parace que sim...
— Que fofinhos não é mesmo?

Rei Solar:
— Muito...
— O universo e a natureza são tão belos até em seus mínimos

detalhes.

Princesa Alnilam:
— Concordo com você Rei Deus...

Rei Solar:
— Não me chame assim Princesa...
— Pode me chamar somente de Solar.

(Os dois sorriem.)

Princesa Alnilam:
— Tudo bem Rei Deus.

(Os dois sorriem novamente.)

Princesa Alnilam:
— O que você iria me dizer quando se aproximou e eu grite com você...
— Me perdoe novamente...
— Mas a minha prioridade, é proteger os mais fracos, frágeis e indefesos.

Rei Solar:
— Eu te entendo Princesa...
— O seu grito foi por um bom motivo...

(Os dois sorriem.)

Rei Solar:
— Eu iria te dar isso como agradecimento pelo o que você fez por mim.

(O Rei Solar tira o colar novamente do pescoço.)

Princesa Alnilam:
— Uau...
— Que colar lindo, que pedra linda!
— Para mim?
— Você tem certeza?

— Por ela está em seu pescoço, eu presumo que ela seja importante para você!

(O brilho da pedra encanta os olhos da Princesa e eles se enchem de lágrimas.)

Rei Solar:
— É muito linda...
— E muito importante sim para mim também...
— Assim como você.

Princesa Alnilam:
— Como eu?

Rei Solar:
— Sim como você...
— O que você fez por mim naquele dia, mesmo sem ter a certeza de que funcionaria, foi uma das maiores provas da bondade que existe dentro de você e dentro do seu coração!

Princesa Alnilam:
— Eu posso não ser tão boa quanto pareço...
— Se eu tivesse chegado um pouco mais cedo naquele dia...
— Nada daquilo teria acontecido.
— Você poderia ter morrido por minha culpa!

(A Princesa abaixa a cabeça entristecida.)

Rei Solar:
— Tantas coisas já aconteceram na minha vida Princesa, que mudariam também se eu tivesse chegado um pouco mais cedo, que eu também me sinto as vezes como você está se sentindo.
— Mas...

— Hoje em dia eu tenho quase a certeza, de que as coisas acontecem quando, como e onde tem que acontecer.

— Se aquilo não tivesse acontecido comigo...
— Eu não teria conhecido todos vocês...

— Então, olhe pelo o lado positivo...
— Agora somos amigos e aliados!

(A Princesa olha novamente para os olhos do Rei Solar.)

Rei Solar:
— Então, espero que você aceite esse presente do fundo do meu coração, como prova da minha eterna gratidão pelo o que você fez por mim.

— Como eu disse para a sua mãe, o cordão é de ouro puro e não é tão valioso quanto o que você me deu!
— Mas...
— Essa pedra no pingente...
— É a pedra mais preciosa para nós moradores da Ilha Do Sol!

— Chamamos ela de "Pedra Do Sol".
— Que é o cristal mais abundante em nossa ilha!

— Não possui um grande valor financeiro...
— Mas possui um grande valor sentimental e emocional...
— Para mim e para todos os moradores da Ilha Do Sol.
— Ela nos representa paz, saúde e o principal que todos nós buscamos...
— Liberdade!

(O último ovo do albatroz choca por completo e ele sai da casca, então os pais deles começam a bater as asas e a emitir sons de felicidades.)

Princesa Alnilam:
— Rei...
— Deus...
— Que lindo tudo isso!

Rei Solar:
— Olha, o último ovo dos albatroz chocou.

Princesa Alnilam:

— É mesmo...

— Chocou!

— Bem na hora que você falou sobre liberdade!

Rei Solar:

— Isso deve ser um bom sinal!

Princesa Alnilam:

— Com toda a certeza sim!

(A Princesa pega o colar da mão do Rei Solar e coloca em seu pescoço e olha para pedra brilhando com o brilho do sol.)

Rei Solar:

— Ficou...

— Perfeito!

(A Princesa segura o colar preso em seu pescoço e leva a pedra do sol até a frente dos seus olhos e a olha profundamente.)

Princesa Alnilam:

— Concordo com você.

(Um olha para o outro e os seus olhares se encontram profundamente, que até o tempo e espaço parecem estar parado para ambos, que ainda flutuam sobre a gravidade.)

Rei Solar:

— Eu acho que...

— É hora deu...

Princesa Alnilam:

— Espera...

— Eu tenho algo para te falar...

(A Princesa abaixa a cabeça tímida.)

Rei Solar:

— Você tem algo para me falar?

— Então...

— Pode falar Princesa...
— O que seria?
— Você não gostou do colar?

Princesa Alnilam:
— Não, não é isso...
— Quer dizer eu adorei o presente...

Rei Solar:
— Então, o que você tem para me dizer?

(A Princesa Alnilam se aproxima do Rei Solar e toca as suas duas mãos olhando em seus olhos.)

Princesa Alnilam:
— Na posição que eu me encontro, como a filha mais velha e a futura herdeira do País Da Constelação De Órion, que agora se tornou uma das Dez Grandes Constelações.

— Eu como Princesa e futura Rainha daqui, ainda não posso iluminar o caminho deles...
— Dos Planetas Errantes e dos seus descendentes...

— Mas agora...
— Eu espero...
— Que ao menos...

— Digo isso realmente do fundo da minha alma...
— E do meu coração...
— Que...
— Como eu ainda não posso iluminar a escuridão deles...

— Eu espero ao menos...
— Poder iluminar...
— A sua escuridão, Solar!

(A Princesa Alnilam olha para o Rei Solar com os olhos cheios de lágrimas.)

Rei Solar:

— Iluminar...
— A minha...
— Escuri...
— Dão?

(O Rei Solar ao ouvir essas profundas palavras, em questão de segundos revive todas as suas boas e más memórias de uma só vez.)

"Lembranças Do Solar:"

Solar:
— Eu com a minha "Marca De Sangue" aberta e exposta diante dos seus olhos!

— Prometo que guardarei todas as suas palavras de sabedoria!
— Dentro da minha mente!
— E dentro do meu coração!
— E assim eu serei a

"Lembranças Do Solar:"

Pensamento Do Rei Solar:
"— E esse é o meu grande paradoxo!"

"— O Paradoxo Do Sol:"

*"— **O Sol pode iluminar a escuridão dos outros, mas não pode iluminar, a sua própria escuridão!**"*

(O coração do Rei Solar acelera, batendo a cada segundo mais forte. Dos olhos dele ao olhar para os olhos da Princesa Alnilam, caem lágrimas vindas do mais profundo do seu coração, da sua alma e do seu espírito. Lágrimas cristalinas de tristeza misturada com felicidade, caem sobre a gravidade deles e flutuam ao seu redor. Nesse momento graças a Princesa Alnilam, ele acaba de ser libertado da depressão profunda e se sente como se a sua alma tivesse sido lavada e remida, nas águas mais limpas do universo. Nesse exato momento ele compreendeu que toda a sua trajetória de vida, sempre teve um propósito e objetivo, e que nada do que ele já passou foi em vão. Mesmo que ainda ele não podesse compreender todos os motivos, situações e circunstâncias da vida e do universo, nesse exato momento, muitas coisas começaram a fazer sentido para ele e o seu fardo começou a ficar mais leve. Com isso, ele teve a certeza de que a sua promessa feita a muitos séculos atrás, de ser a "Luz Na Escuridão" valeu realmente a pena e foi a melhor escolha que ele já fez em toda a sua vida. E agora, através do brilho de uma das Estrelas Três Marias, ele se sente completamente, iluminado.)

Princesa Alnilam:
— Solar...
— Você está bem?

(Para ele, o que era escuro se tornou claro. Tão claro quanto a luz da Estrela da sua própria marca. Tão claro quanto a luz da nossa Estrela Rei, o incrível, o magnífico, o espetacular...)

Rei Solar:
— Sol.

(O Rei Solar olha para o sol brilhando no céu e a sua marca brilha com uma áurea amarela ao redor do seu corpo. Nesse momento ele sentiu, que através dele, tudo poderia mudar e

que além dele existem mais Estrelas que lutam pela a liberdade
do universo Galáctico.)

Princesa Alnilam:
— Me perdoe Rei...
— Eu falei algo que não deveria?
— Me desculpe...
— Eu não queria te magoar e muito menos te enfurecer.
—A minha irmã tem razão...
— Eu sou uma tola!

(A Princesa Alnilam para de flutuar na frente do Rei Solar e
desce lentamente até o chão e começa a caminha se afastando
do Rei Solar envergolhada.)

Rei Solar:
— Não Princesa...
— Espere!

Princesa Alnilam:
— O que?

(A Princesa Alnilam se vira e olha novamente para o Rei
Solar que se apróxima dela flutuando sob a gravidade e coloca
novamente os pés no chão, ficando frente a frente com ela.)

Rei Solar:
— Desculpe ter ficado calado após ouvir as suas palavras...
— É que elas me tocaram profundamente.

Princesa Alnilam:
— Te tocaram...
— Profundamente?

Rei Solar:
— Sim Princesa...
— Você acabou de iluminar o meu caminho e a minha vida!
— Você acabou de iluminar a minha escuridão!

(A Princesa Sorrir, mas fica confusa com as palavras do Rei Deus.)

Rei Solar:
— A séculos atrás...
— Após eu perder a minha avó que era uma Planeta Errante...
— E também era a pessoa mais importante de toda a minha vida...
— Eu fiquei traumatizado e me afoguei em uma depressão profunda.

— Mas...
— Como eu havia feito uma promessa...
— Uma promessa usando a "Marca De Sangue."

— Eu guardei a minha tristeza e a minha armagura comigo mesmo, durante todo esse tempo...
— E não procurei ajuda e nem demostrei nada para ninguém.
— Tudo para cumprir com a minha promessa!

— Tanto que...
— Você é a primeira pessoa em todo o universo que está ouvindo isso da minha boca.

— Essa promessa que eu fiz Princesa, se tornou um fardo pesado para mim e a minha penitência de vida.
— Essa promessa se tornou...
— A minha própria maldição!

— E com isso eu vivi preso...
— Preso na escuridão dessa depressão durante todo esse tempo...
— Durante toda a minha vida...
— Escondendo ela de tudo e todos.

Princesa Alnilam:
— Sério?
— Mas...

— Olhando para você...

— Não parece que você estava passando por tudo isso...

— Pelo menos o pouco tempo que você ficou por aqui, você sempre esteve sorrindo conosco...

— E não parecia ter problemas, além do problema com a Lei Ant-Matéria.

(O Rei Solar respira fundo.)

Rei Solar:

— As aparências enganam Princesa...

"— O sorriso da boca esconde, as lágrimas dos olhos e da alma!"

— E esse é...

— O Paradoxo do Sol...

Princesa Alnilam:

— O que você disse Rei?

Rei Solar:

— A minha vida toda eu vivi em um paradoxo...

Princesa Alnilam:

— Em um paradoxo?

Rei Solar:

— Exatamente...

— Já ouviu falar sobre o paradoxo do sol?

Princesa Alnilam:

— Não Rei, nunca ouvi falar...

— O que ele diz?

(O Rei Solar olha para o Sol brilhando no céu e a Princesa Alnilam olha também.)

Rei Solar:

"— O Sol pode iluminar a escuridão dos outros, mas não pode iluminar, a sua própria escuridão!"

(A Princesa Alnilam respira fundo e segura na mão do Rei

Solar.)

Princesa Alnilam:
— Entendo...

Rei Solar:
— Você entende?

Princesa Alnilam:
— Sim, entendo completamente o que você quer dizer...
— E sei exatamente como você se sente.

Rei Solar:
— Você sabe?

Princesa Alnilam:
— Sim, pois...
— Eu me sinto da mesma forma...

— A responsabilidade de ser uma Estrela da realeza é muito grande...
— Traz muitas felicidades mais também traz consigo muitas tristezas também.
— E comigo não foi diferente.

— Eu também a 10 mil Anos-Luz atrás, me afoguei nas tristeza da vida, vivendo depressiva e sem esperança.
— Até que um dia, a vida me deu metas e objetivos para lutar, e assim, ter forças para conseguir seguir em frente.

(A Princesa Alnilam também respira fundo.)

Princesa Alnilam:
— O mundo dos galácticos está se tornando cada vez mais difícil e conturbado de se viver...
— O emocional e o sentimental de todo mundo está abalado...
— São tantas tragédias, tristezas e injustiças que passamos e vivemos, que as vezes fica difícil lidar com tudo isso...
— Ainda mais quando vidas dependem de você, para poder

viver ou sobreviver como no seu caso.

— Então, imagino...
— Que o fardo que você carrega sozinho deve ser muito doloroso e pesado...
— Deve ser muito difícil ser você...
— Ainda mais quando se está sozinho.

Rei Solar:
— É exatamente isso Princesa.
— Mas...
— Eu não tenho outra escolha...
— Eu tenho que sorrir mesmo que a minha vontade seja de chorar.
— Pois...
— Todos eles dependem de mim.
— E jamais irei abandoná-los.

Princesa Alnilam:
— Eu imagino Rei...
— Mas, como diz o seu paradoxo:

— O Sol pode iluminar a escuridão dos outros, mas não pode iluminar, a sua própria escuridão...
— Eu concordo plenamente com você...
— Isso até que pode ser verdade...
— Mas há uma coisa que você nunca poderá esquecer!

Rei Solar:
— O que Princesa?

Princesa Alnilam:
— Você nunca deve se esquecer Solar que...
— Existe outras Estrelas no universo além do...
— Sol.

(A Princesa Alnilam sorri e o Rei Solar segura a mão dela mais forte e o coração de ambos batem mais forte.)

Princesa Alnilam:
— Outras Estrelas que podem te ajudar, iluminando o seu caminho.

Rei Solar:
— Você tem toda a razão Princesa.
— Existe tantas Estrelas no universo, que agora...
— Até o meu paradoxo deixou de fazer sentido.

— Agora que eu encontrei você...
— Como eu havia dito e repito:

— Você acabou de iluminar o meu caminho e a minha vida!
— Você acabou de iluminar a minha escuridão!

Princesa Alnilam:
— O que eu puder fazer por você Solar...
— Para poder te ajudar a carregar esse fardo...
— Eu farei!
— E se necessário...
— Farei a mesma promessa que você fez!

Rei Solar:
— Você faria?
— Mas por que?

Princesa Alnilam:
— Eles precisam de nós Solar...
— Os Planetas Errantes e os seus descendentes inocentes estão morrendo...
— Milhões deles...

— A cada ano, a cada mês, a cada dia, a cada hora, a cada minuto, a cada segundo...
— Eles estão morrendo inocentemente!

— Então...
— Nós temos que unir forças...

— Para mudar isso!

— Não é por mim...
— E nem por você...
— É por eles!

(Os olhos da Princesa Alnilam se enchem de lágrimas e os do Rei Solar também.)

Rei Solar:
— Você tem toda a razão...
— Que egoísta da minha parte...
— Fazer uma promessa pensando apenas no heroísmo e me esquecendo do que realmente importa...
— A vida!

— Foi por isso que a minha promessa se tornou a minha maldição...
— Pois quando eu a fiz...
— Eu não a fiz do fundo do meu coração...
— Eu não havia pensado em ninguém, além de mim mesmo!

— Eu não imaginava o peso que ela teria em minha vida e pensei que eu viveria somente de heroísmo e não passaria pelo o que eu passe.

— Foi uma promessa feita da boca para fora, falando coisas que por mim ser muito novo, eu ainda não entendia e só hoje através das suas palavras eu pude entender!

— A vida é a coisa mais preciosas que existe no universo.
— Não é por mim que eu devo lutar, é pela a vida...
— Ou seja...
— Por eles!

— Pelos os fracos, pelos os abatidos, pelos injustiçados, pelos os perceguidos...
— Pelos Planetas Errantes e os seus decendentes...
— E todos os que precisarem de ajuda para sobreviver e...

— Viver!

— Como eu havia dito e repito Princesa:

— Você realmente acabou de iluminar o meu caminho e a minha vida!
— Você realmente acabou de iluminar a minha escuridão!

(A Princesa Alnilam sorrir chorando junto com o Rei Solar.)

Princesa Alnilam:
— Você também iluminou o meu!

(A Princesa Alnilam sorrir e retira do seu cabelo, um objeto azul que o prende e ao puxá-lo o destravando, uma pequena lâmina aparece e o Rei Solar a olha surpreso.)

Princesa Alnilam:
— Não é por mim...

(O Rei Solar retira a adaga dele da cintura e a Princesa também o olha surpresa.)

Rei Solar:
— E nem por você...

(Os dois respondem juntos.)

Rei Solar e Princesa Alnilam:
— É por eles!

(Os dois perfuram as suas marcas Estelares ao mesmo tempo, olhando um nos olhos do outro e em seguida estendem as suas mãos direitas expostas, com os seus sangues escorrendo, como uma cachoeira de fé, paz e esperança.)

(Promessa.)

Rei Solar e Princesa Alnilam:

— Prometo proteger os mais fracos, os abatidos, os injustiçados, os perceguidos...
— Os Planetas Errantes e os seus descendentes...
— E todos os que precisarem de ajuda para sobreviver e...
— Viver!
— E assim eu serei a luz na escuridão!

(A marca dos dois se regeneram em questão de segundos, os seus olhos se enchem de lágrimas e então, os dois dão um passo a frente para se abraçarem, felizes pela a nova aliança de sangue. Quando os dois estão prestes a se abraçar, uma Estrela cai do céu como um raio no meio dos dois, em alta velocidade, os seperando e causando um grande som de estrondo, com faíscas elétricas piscando na áurea ao seu redor.)

Rei Solar:
— PRINCESA???
— VOCÊ ESTÁ BEM???

(A fumaça do impacto se esvanece aos poucos.)

Princesa Alnitak:
— Sim Rei Deus...
— Eu estou...
— Excelente!

Rei Solar:

— O QUE FOI ISSO?
— NÓS FOMOS ATINGIDOS POR UM RAIO EM UM DIA DE SOL DESSES?

Princesa Alnitak:
— Seu tolinho...

(A Princesa Alnitak sorrir sarcasticamente, caminhando sensualmente para perto do Rei Solar e ao se aproximar dele, ela estende a mão direita para o ajudar a levantar.)

Rei Solar:
— Essa foi por pouco Princesa.

(A Princesa Alnitak lambe os lábios.)

Princesa Alnitak:
— Muito pouco...

(Sorriso.)

Rei Solar:
— Muito obrigado por tudo Princesa...
— E pelas as suas belas palavras...
— E eu espero...
— Ansiosamente...
— Pelo o nosso próximo encontro.

(O Rei Solar sorrir apaixonadamente.)

Princesa Alnitak:
— Pode ser agora mesmo, belo Rei...
— É só vir comigo...
— Você vem??

(A Princesa Alnitak levanta aos poucos a barra do seu vestido e tenta seduzir o Rei Solar com o seu olhar e a sua voz sedutora.)

Princesa Alnitak:
— Eu garanto que você não vai se arrepender.

(Ela morde os lábios sensualmente.)

Rei Solar:
— O que disse Princesa Alnilam?

Princesa Alnilam:
— Essa não sou eu Solar...
— Essa é a minha irmã.

(O Rei Solar olha para atrás da Princesa Alnitak e vê a Princesa Alnilam, levantando do chão e sacudindo as roupas sujas de lama e algas do mar)

Princesa Alnitak:
— Cala a boca sua fraca e insolente...
— Eu estou falando com o Rei!

Rei Solar:
— Princesa???
— Me desculpa...
— Eu pensei que ela era você!

— Você está bem???

(O Rei Solar corre para ajudar a Princesa Alnilam e ignora a Princesa Alnitak.)

Princesa Alnitak:
— O QUE?
— SEU INSOLENTE!
— VOCÊ VIROU AS COSTAS PARA MIM???

(Faíscas elétricas de raiva começam a surgir ao redor da áurea da Princesa Alnitak e os olhos dela começam a brilhar na cor azul intensa.)

Rainha Betegeuse:
— Filhas???
— Está tudo bem por aqui???

Rei Solar:
— Rainha...
— Me perdoe pela demora...

(A Princesa Alnitak retrai a sua raiva.)

Princesa Alnilam:
— Está tudo bem sim mamãe...

(O Rei Solar fica triste por ver a Princesa Alnilam assim, mas não se aproxima muito com medo do que podem pensar.)

Rainha Betegeuse:
— Por que você está suja de barro e algas filha?

Princesa Alnitak:
— Por que ela é uma inútil!

(Os soldados da Rainha se aproximam juntamente com ela.)

Princesa Alnilam:
— Foi um acidente mamãe...

Rainha Betegeuse:
— ALNITAK!
— Não chame a sua irmã de inútil!

— Eu já falei para você parar com isso!
— E também...
— Porque você caiu naquela velocidade?
— Você enlouqueceu?
— O que está acontecendo com você minha filha???

Princesa Alnitak:
— Eu já estou de saida...
— Só vim me despedir desse maldito Rei!

(A Princesa Alnitak começa a caminhar ignorando todos.)

Rainha Betegeuse:

— Alnitak!

— Não fale assim do Rei So...

(Raio De Luz.)

Rainha Betegeuse:

— Já se foi...

— Me perdoe Rei pela rebeldia da minha filha...

— Por mais que as três tiveram a mesma criação...

— Ela foi a única que não aprendeu a ter bons modos.

Rei Solar:

— Sem problemas Rainha...

— Filhos realmente são um enigma.

Rainha Betegeuse:

— Você tem filhos Rei?

Rei Solar:

— Não minha Rainha...

— Ainda não sou casado.

Rainha Betegeuse:

— Não é casado?

(A Rainha sorrir e olha para a Princesa Alnilam, que percebe e fica completamente envergolhada com o olhar da mãe, mas o Rei Solar se quer percebe.)

Rei Solar:

— Ando tão oculpado com as missões, que me sobra pouco tempo para pensar nisso Majestade.

Rainha Betegeuse:

— Compreendo Rei Solar.

— Mas em breve...

— As coisas acontecem.

— E você encontra alguém com um bom coração, tanto quanto o do Senhor.

(A Rainha Sorrir, ajudando a retirar as algas do corpo da sua filha Alnilam.)

Rei Solar:
— Obrigado Majestade.

— Em fim...
— Acho que é hora de eu ir embora...
— Já está ficando tarde...

— Majestade, Princesa...
— Foi um prazer conhecê-las.

(O Rei Solar caminha até elas e curva a cabeça a frente da Princesa e da Rainha demostrando respeito para as duas realezas, elas estendem as suas mãos direitas e ele as beija como um ato de respeito real.)

Rainha Betegeuse:
— Sim Rei Solar...
— O prazer foi todo nosso em ter você conosco.

— O Capitão já está pronto para zarpar...
— E esperamos te ver em breve!

Rei Solar:
— Sim majestade!
— Eu já não vejo a hora!

(O Rei Solar olha discretamente para a Princesa Alnilam e ela sorrir.)

Rei Solar:
— Até mais!
— E novamente...
— Agradeço a vocês por tudo.

(O Rei Solar desse para o porto e sobe no Navio do Capitão Macabro e o cumprimenta, juntamente com todos os Planetas

Errantes nascidos em Órion. Após o navio desatracar, ele acena para a Rainha, para a Princesa e para o grande País Da Constelação De Órion.)

Pensamento Da Rainha Betegeuse:
"— Meu futuro genro está partindo..."
"— E eu já não vejo a hora de ter netinhos!"

Pensamento Da Princesa Alnilam:
"— Boa viajem, Solar."
"— E que o universo esteja..."
"— Ao nosso favor."

(Elas acenam para ele de volta.)

Pensamento do Rei Solar:
"— Em fim..."
"— A minha primeira aliança com uma das "Dez Grandes Constelações.""
"— Agora só faltam nove!"

"— Aos poucos..."
"— Com muita luta, suor e dedicação..."

"— Eu vou conseguindo alcançar o meu grande objetivo..."
"— Que é..."
"— Revogar e abolir a Lei Ant-Matéria..."
"— E assim libertar..."
"— Todos os Planetas Errantes e os seus descendentes do Mundo e de todo o Universo Galáctico!"

(O Rei Solar olha para o sol cheio de esperança, enquanto isso, a poucas distâncias dali, dentro do Majestoso Castelo do País da Constelação De Órion, pelas as suas costas, os seus novos aliados firmam uma nova aliança, com o próprio terror, medo e com a escuridão.)

Princesa Alnitak:
— Me perdoem...

— De novo...

(Som de passos de salto alto feminino caminhando, entrando dentro do castelo e indo até o trono Real do País Da Constelação De Órion.)

Princesa Alnitak:
— Eu não consegui matá-lo, pois elas novamente me atrapalharam!

— Mas eu te prometo...
— Que na próxima vez...

— O seu sangue...
— Não escapará das minhas mãos!

— Conte comigo!
— Meu pai!

(A Princesa Alnitak se curva diante da sua majestade e pai, o Rei Rígel, que está sentado em seu trono real, segurando a sua Alabarda Galáctica com a mão direita e a sua grande Coruja Branca Dos Olhos Azuis nos seus ombros a sua esquerda, enquanto os seus olhos Estelares azuis brilham mais frio do que o zero absoluto. Flocos de neve caem dentro do castelo, a temperatura está baixa congelando tudo o que toca, e a escuridão é iluminada apenas pelo o brilho azuis dos seus poderosos olhos estelares.)

Rei Rígel:
— Sim, minha filha!
— Eu confio em você!

— O seu novo Reino te espera!
— Pois você será a Rainha que matou...

— O Lendário...
— Rei Deus!

— Não é mesmo?

— Rei Kyu!

(A personificação da morte, da negatividade e do elétron, chamado de Rei Kyu, aparece sobre a escuridão das sombras do castelo. A sua energia negativa, carrega consigo a voz de muitas almas, que gemem incessantemente sobre o silêncio macabro da escuridão. Os seus olhos vermelhos brilham como o fogo ardente de brasas de um vulcão em erupção e as suas vestes longas, pretas e obscuras, são como as penas de corvos negros, flutuando sobre a gravidade. Aterrorizando assim o poderoso Rei Rígel e a sua poderosa filha, Princesa Alnitak, apenas com a sua presença sombria, juntamente com a sua energia negativa, que invade todo o castelo, sendo possível escutar apenas a sua tenebrosa voz, junto com a sua assombrosa respiração, como confirmação dessa nova aliança selada com as trevas e com a escuridão.)

Rei Kyu:
— O futuro...
— Nos aguarda!

(O Rei Kyu joga a marca de uma Estrela cheia de sangue no chão do castelo, a frente do trono do Rei Rígel e na frente da Princesa Alnitak e todos a olham com surpresa e temor. Em seguida ele desaparece nas sombras do castelo, como uma fumaça escura e maligna, que se esvanece na escuridão.)

(29 Mil Anos-Luz Depois...)

―――――――――――――――――――――――――――――

PARTE 5

O Casamento Do Rei Solar.
Ano: 1.099.000 Anos-Luz.
Localização: Castelo Da Ilha Do Sol.
Período: Noite.
Clima: Chuvoso.

(O Belerofonte caminhando por dentro do castelo da Ilha Do Sol, com a sua mão direita levantada, abre todas as cortinas das grandes janelas de dentro castelo simultaneamente, utilizando o elemento vento. E parando de frente para uma delas, ele então olha fixamente para o céu noturno.)

Belerofonte:
— Majestade!
— Está começando a parar de chover e o tempo já está abrindo...
— Tudo já está pronto para a sua grande cerimônia de casamento!

Rei Solar:
— Muito obrigado meu grande amigo.

(O Rei solar sorrir sentado em seu trono.)

Rei Solar:
— Bel...
— Não precisa de tanta formalidade.

Belerofonte:
— É que Solar...
— Ops!
— Quer dizer, majestade!

— Hoje vai estar presente muitos convidados importantes...
— E eu não quero que eles pensem que eu sou mal educado com o meu próprio Rei.

Rei Solar:
— Ôh meu grande amigo, não se preocupe!
— Você já faz parte da minha família.
— Você vem me ajudando durante séculos e mais século a manter tudo em ordem.
— Então...
"— Não precisa se preocupar com o que os outros vão pensar sobre você, porque no fundo no fundo, você sabe quem você realmente é."

Belerofonte:
— Eu sei Solar, muito obrigado!
— Eu sou muito grato por isso.
— Você me aceitou como um filho e tem sido tão generoso comigo por todo esse tempo.

Rei Solar:
— Eu que te agradeço Bel por você ser meu braço direito e estar sempre ao meu lado.

Belerofonte:
— Mas para mim, é importante que todos vejam que, mesmo nós não sendo umas das 88 constelações, ainda temos modos e etiquetas reais.
— Pois você merece respeito, como todos os outros Reis e Rainhas da monarquia constelacional.
— Entende o que eu quero dizer Solar?

— Quer dizer!
— Quer dizer!
— Majestade!

(Risos)

Rei Solar:
— Entendo, entendo meu querido amigo...

— É que um velho como eu, não liga muito para essa coisas

reais e todas as formalidade da monarquia Galáctica.

— Mas você, como o meu braço direito...

— Tem total autoridade e autonomia para fazer como você achar melhor meu grande amigo.

Belerofonte:

— Obrigado Solar por concor...

— Ai!

— Que raiva!

— É difícil até pra mim!

(Risos)

Rei Solar:

— Mas e então, alguma notícia das Princesas?

Belerofonte:

— Elas estão a caminho Senhor, acredito que em breve elas estarão aq...

(Raio De Luz.)

(Um Raio De Luz azul então entra pela janela.)

Rei Solar:

— Princesa Alnilam!

— Meu amor!

— Seja Bem Vinda a Ilha Do Sol.

(A Princesa caminha sensualmente até o Rei Solar.)

Belerofonte:

— Não Majestade!

— Essa é a Princesa Alnitak Senhor!

Rei Solar:

— Ah é???

— Sério???

— Desculpe-me Princesa Alnitak pela confusão!

— Boa noite e seja bem vinda ao meu humilde reino!

Princesa Alnitak:
— Boa noite meu Belo Rei.

(O Rei se levanta do trono, caminha e se curva a frente da Princesa Alnitak, ela estende a mão direita e ele a beija como um ato de respeito real.)

Princesa Alnitak:
— Eu fico impressionada como esse seu servente consegue me reconhecer.

(Ela olha para o Belerofonte com raiva e despreso.)

Rei Solar:
— O Bel?
— Não...
— Ele não é meu servente!
— Além dele ser um Planeta muito poderoso e habilidoso...
— Ele também é o meu braço direito aqui na Ilha.
— E realmente, ele tem bom olhos.

Belerofonte:
— Seja bem vinda a Ilha do Sol Prin...

Princesa Alnitak
— Cale-se!
— Eu não falo com criados!

(O Belerofonte se afasta da Princesa e abaixa a cabeça, e alguns soldados do Rei Solar que estão de guarda observam em silêncio.)

Rei Solar:
— E as suas irmãs?
— Estão a caminho Princesa?

Princesa Alnitak:
— Servente?

Belerofonte:
— Sim princesa?

Princesa Alnitak:
— É Majestade pra você!
— Rápido!
— Me traga algo para beber!
— Agora!

Belerofonte:
— Sim Majestade!

(Belerofonte corre para a cozinha do castelo.)

Rei Solar:
— Sente-se aqui Princesa.

(Ela se senta de frente para o trono após um dos soldados trazerem uma poltrona real.)

Princesa Alnitak:
— Obrigado Belo Rei.

(Rei Solar senta novamente em seu trono.)

Princesa Alnitak
— Escolher um Planeta desertor como servente, não é muito inteligente da sua parte Belo Rei!
— A qualquer momento ele pode te trair!

Rei Solar:
— O Bel?
— Ah, Ele já faz parte da minha família.

Princesa Alnitak:
— Rum!
— Sei!
— Eu conheço muito bem Galácticos dessa espécie desertores!
— Só esperam a hora e a oportunidade certa para se rebelarem

contra você!
— E acabarem com a sua vida!

Rei Solar:
— Eu sei em quem eu devo ou não confiar Princesa.
— Não se preocupe!

(A Princesa Alnitak se levanta da poltrona real e caminha sensualmente em direção ao trono do Rei, ela sobe as três escada, se aproxima do trono e coloca a perna entre as coxas dele, tentando o seduzir com a sua beleza.)

Princesa Alnitak:
— Mas então meu Belo Rei.
— Já pensou na minha proposta?

(Ela acaricia o rosto e a barba do Rei Solar, se aproximando cada vez mais.)

Rei Solar:
— Princesa, hoje eu me caso com a sua irmã, ela me ama e eu amo ela!

Princesa Alnitak:
— Pensa um pouco meu Belo Rei, uma Estrela forte, poderosa e influente como eu, pode trazer muitos benefícios e riquezas para o seu reino!
— Ainda dá tempo de cancelar essa mísera cerimônia!

(Ela tenta beijar o Rei Solar.)

Rei Solar:
— Felizmente!
— Eu não quero e não vou, poder atender o seu pedido Princesa, com licença!

(O Rei se levanta furioso do trono e vai andando em direção a porta principal do castelo que sai de frente para um grande jardim circular.)

Princesa Alnitak:
— Mas Rei!
— Você sabia e ainda sabe, que o meu amor por você, supera o da minha irmã!
— Eu te encontrei primeiro!
— Eu ainda não sei porque você escolheu ela!
— Nós dois juntos podemos...

Rei Solar:
— Nós dois juntos não podemos nada Princesa!
— Eu já falei com você sobre isso, milhares de vezes!
— Fora que a primeira vez que você me viu, você tentou me matar!

Princesa Alnitak:
— Aquele dia foi um erro, foi um engano!

— Se não for por mim!
— Que seja pelo o seu Reino!
— Ele precisa de...

Rei Solar:
— O meu reino está muito bem do jeito que está Princesa!

Princesa Alnitak:
— Vivendo escondido?

(Faíscas elétrica começam a surgir por todos os lados de dentro do castelo.)

Rei Solar:
— Essa é a melhor opção!
— Tanto para mim...
— Como para todos os Planetas Errantes e seus descendentes que eu protejo aqui!

(Ela caminha novamente para perto do Rei Solar, que já está quase no meio do salão do trono do castelo, pronto para sair para o jardim.)

Princesa Alnitak:
— Eu posso te ajudar nisso!
— Liberdade...
— Não é o que você quer?
— Ou melhor...
— O que vocês querem?
— Podemos conseguir...
— Juntos!

— Basta você rejeitar hoje a inútil da minha irmã!
— E depois de um tempo agente...

(O Rei Solar olha bravo para a Princesa Alnitak pelo o desrespeito com a sua amada.)

Rei Solar:
— Princesa!
— Em respeito a mim e a sua irmã por favor vamos mudar de assunto!
— Ou eu peço que você se retire!

(Todos os soldados tocam em suas espadas ao ouvir as ordens do Rei Solar para com a Princesa.)

Princesa Alnitak:
— MAS REI!
— VOCÊ MERECE ALGUÉM MELHOR DO QUE ELA!

Rei Solar:
— Você?

(Os dois se encaram profundamente, faíscas elétricas surgem por todos os lados e todos os soldados tremem de medo, pois conhecem a fama da bela Estrela e Princesa Alnitak.)

Princesa Alnitak:
— Mas ela é fraca!

— Não vai te ajudar em nada, além de te atrapalhar!

— Você tem que pensar no seu reino e não no seu coração!

Rei Solar:
— O meu reino é o meu coração Princesa!
— E agora a sua irmã vai fazer parte dele!
— E eu tenho certeza que o Universo vai nos ajudar!

(A Princesa Alnitak estrala os dedos e todos os soldados caem no chão imobilizados pela a sua eletricidade.)

Princesa Alnitak:
— Você tem certeza disso?

Rei Solar:
— O QUE VOCÊ FEZ COM ELES???
— VOCÊ ENLOUQUECEU???
— VOCÊ OS MATOU???

(A Princesa Alnitak lambe os próprios lábios sedenta por sangue.)

Princesa Alnitak:
— Não Belo Rei...
— Bem que eu poderia matá-los com apenas um estalar de dedos!
— Afinal...
— Planetas Errantes são tão fracos quanto os desprezíveis seres humanos!
— Mas...
— Não!
— Eu não os matei!
— Apenas os imobilizei!

— Estou apenas te provando...
— Que eu estou...
— Um pouco mais forte do que o nosso último encontro!

(Ela sorrir sarcasticamente em tom de ameaça e o Rei Solar toca em sua Espada Do Sol na sua cintura, temendo um início de mais um combate.)

Belerofonte:
— Aqui está Princesa.
— As suas bebi...

Princesa Alnitak:
— É MAJESTADE SEU MAL EDUCADO!
— E BATA NA PORTA ANTES DE ENTRAR!

Belerofonte:
— Desculpe-me Majestade.

(Belerofonte se curva e levanta a bandeja com as bebidas para a Princesa.)

Princesa Alnitak:
— SEU INSOLENTE!

(A Princesa Alnitak dá um tapa na bandeija derrubando tudo o que o Belerofonte trouxe para ela no chão.)

Princesa Alnitak:
— INÚTIL!
— Eu poderia acabar com a sua raça em apenas um piscar de olhos!

(Os olhos da Princesa Alnitak começam a brilhar na cor azul intensa.)

Rei Solar:
— Desculpe Princesa.
— Mas, não precisa ser rude desse jeito com ele!

(O Rei Solar entra na frente dela, protegendo o Belerofonte.)

Princesa Alnitak:

— ENTÃO CONTRATE ALGUÉM DIGNO DE SER UM SERVENTE
REAL!

— AGORA LIMPE ESSA BAGUNÇA SEU INÚTIL!
— E SE VOCÊ ME CHAMAR DE PRINCESA OUTRA VEZ!
— EU JURO QUE EU TE MATO!

Belerofonte:
— Sim Majestade!

(Raio De Luz.)

Princesa Mintaka:
— Santo Átomo!
— Até que fim cheguei!
— Esses sapatos estão me matando!

(A Princesa Mintaka tira o sapatos e os joga longe.)

Rei Solar:
— Meu amor seja bem vinda!

 (Som dos sapatos caindo no chão)

Belerofonte:
— Essa é a Princesa Mintaka Majestade.

Rei Solar:
— Ah é?
— Nossa!
— De novo eu errei!
— Me Desculpem pela confusão...
— Seja bem vinda a Ilha do Sol Princesa Mintaka!

Princesa Mintaka:
— Muito Obrigado Rei Solar.

(O Rei se curva e beija a mão da princesa.)

Belerofonte:

— Seja bem vinda Princesa Mintaka.

Princesa Mintaka:
— Muito Obrigado Bel.

Princesa Alnitak:
— Chegou a inútil e desastrada!

Princesa Mintaka:
— Dessa vez você venceu a corrida trapaceando como sempre, mas da próxima vez, eu que vou ganhar!

(A Princesa Mintaka mostra a língua para Princesa Alnitak, que cruza os braços e a ignora.)

Princesa Alnitak:
— Nunca você vai me vencer!

(Os soldados que caíram no chão começam a se levantar um a um, se perguntando um para o outro o que havia acontecido e em seguida voltam para os seus postos na guarda real.)

Rei Solar:
— Venha comigo Princesa...
— Sente-se.
— Como foi a viagem?

Princesa Mintaka:
— Foi ótima Rei Solar.

(A Princesa Mintaka tira um óculos de vidros redondos de dentro do seu vestido e coloca no rosto, ela retira também diversos pergaminhos e começa a lê-los de vários ângulos.)

Rei Solar:
— E como anda as suas pesquisas e descobertas Princesa?

Princesa Mintaka:
— Incríveis Rei!
— Eu estou avançando cada vez mais!

— Ah!

— Rei Solar!

— Eu descobri que é possível existir uma nova forma de viajem no espaço-tempo, que de acordo com os meus cálculos todas as Estrelas conseguiriam fazer!

— Eu estou chocada com essa recente descoberta que eu fiz!

— Apesar de não saber ainda como usa-la né!

— Mas isso é apenas um detalhe né...

— Hahaha!

— To com fome!

Princesa Alnitak:

— O que???

— Que forma de viajem é essa sua maluca que você não me contou???

Princesa Mintaka:

— Eu não, vai que você usa isso para o mal como você sempre faz!

— Sua bruxa maligna!

— Hahaha!

— Eu não tenho muitas informações e dados ainda.

— Mas eu sei que ela é muito perigosa, por isso ainda estou analisando.

— É possível que outras Estrelas já tentaram utiliza-la

— Mas...

Princesa Alnitak:

— Mas o que?

— Fala logo sua inútil!

Princesa Mintaka:

— Ou elas devem ter se perdido e não conseguiram mais voltar...

— Ou não sobreviveram para contar história!

Princesa Alnitak:
— Hum...
— Interessante!
— Chegando no Reino, eu quero que você me passe todas essas informações!

Princesa Mintaka:
— Vai sonhando!
— Se depender de mim...
— É melhor você ficar acordada!
— Hahaha!

Princesa Alnitak:
— Hora sua...

(Raio De Luz.)

Belerofonte:
— A Princesa Alnilam noiva do Rei Solar acaba de chegar.
— Toquem as trombetas!

(O guardas começam a tocar as trombetas.)

Rei Solar:
— Agora é certeza que é ela!

(O Rei Solar se emociona com a chegada da sua futura Rainha.)

Rei Solar:
— Seja bem vinda Minha futura Rainha.

Princesa Alnilam:
— Muito Obrigado meu amor.

(O Rei Solar se curva e beija a mão da Princesa Alnilam.)

Princesa Alnilam:
— Boa noite queridas irmãs
— Boa Noite a Todos.

— Obrigado a todos por terem vindo.

(A Princesa Alnilam comprimenta todos acenando graciosamente com as mãos e se curvando.)

Rei Solar:
— Como foi a viajem meu amor?

Princesa Alnilam:
— Tirando a parte em que eu errei o caminho, foi boa meu amor.

(Risos)

Pensamento da Princesa Alnitak:
"— Além de tudo é burra, essa Inútil!"

Rei Solar:
— Como você está...
— Linda!
— Meu amor!
— Como sempre!

(Todos admiram o vestido de malha de algodão, com detalhes bordados em flores azuis e brancas da Princesa Alnilam.)

Princesa Alnilam:
— Muito obrigado meu amor, você também está belo como sempre.
— Eu já estava morrendo de saudades de você.

Princesa Mintaka:
— Irmã, você deu uma bela repaginada no visual!
— Você ficou maravilhosamente linda!
— Quando saímos de Órion juntas eu nem havia reparado!

Princesa Alnilam:
— Você estava focada na competição querida irmã...

Princesa Mintaka:

— É eu não queria deixar essa bruxa vencer!

(Todos riem.)

Princesa Alnitak:
— Rum!
— E mesmo assim eu venci!

Princesa Mintaka:
— Trapaceando como sempre!

Rei Solar:
— Com certeza as flores bordadas foi ideia da sua mãe não é mesmo amor?

Princesa Alnilam:
— Sim querido...
— Como todos sabem...
— Ela ama flores...

(A Princesa Alnilam sorri, segurando um pequeno buque de flores azuis e brancas e o Rei Solar apaixonado, acaricia o rosto dela.)

Pensamento do Belerofonte:
"— Ela é tão doce, meiga e calma!"
"— Diferente da irmã dela que é totalmente o oposto!
"— O nosso Rei realmente fez uma ótima escolha para uma Rainha!"

Princesa Mintaka:
— Os dois são tão bonitinhos juntos.

Belerofonte:
— Realmente Princesa, eu tenho que concordar com você.

Princesa Alnitak:
— E quem pediu a sua opinião?

Belerofonte:

— Desculpe majestade.

Princesa Mintaka:
— Fala direito com o Bel sua estúpida e ignorante!

Princesa Alnitak:
— Ou o que???

(Os olhos da Princesa Mintaka começam a brilhar mas, ao perceber que todos estão olhando para ela, ela reduz o brilho quase que imediatamente, então ela vira a cabeça pro lado emburrada e cruza os braços.)

Princesa Mintaka:
— BLÁ-BLÁ-BLÁ!
— Disse a poderosa!

(Todos riem.)

Rei Solar:
— Olhando vocês assim uma perto da outra...
— Não é à toa que vocês são as Três Marias!
— Vocês realmente são idênticas!

Princesa Alnitak:
— Não me compare a elas, das trigêmeas somente EU, sou a melhor!
— E a mais forte também!

Princesa Mintaka:
— A mais chata só se for!

(Todos riem)

Princesa Alnitak:
— Do que vocês estão rindo, seus insolentes!

Belerofonte:
— Majestade!
— Todos os convidados do reino já chegaram e o Mestre De

Cerimônias já está pronto para iniciar a cerimônia no jardim.
Pensamento da Princesa Alnitak:
"— *Maldição!*"
"— *Eu preciso dar um jeito nisso logo!*"
"— *Estou vendo a minha grande chance de se tornar rainha, escorregando pelas as minhas mãos!*"

Rei Solar:
— Perfeito!
— Vamos todos para o Jardim do Castelo para iniciar?

Princesa Alnilam:
— Sim meu Amor!
— Não vejo a hora...

Princesa Mintaka:
— Santo Átomo!
— Eu não vejo a hora de comer isso sim...
— Estou mooooooooooooooooooooooorta de fome!

Princesa Alnitak:
— Como sempre!
— Indecente!

(Todos sorriem)

Rei Solar:
— Então vamos...

(Todos caminham para o Jardim do Castelo da Ilha Sol, onde acontecerá a simples cerimônia do casamento real. O local está decorado com muitas rosas brancas e possui também diversos bancos de madeira brancos a direita e a esquerda, alinhados de cada lado. Todas as pessoas presentes se levantam dos bancos e se curvam com a chegada do Rei Solar ao lado da sua futura Rainha, que já entram no jardim de mãos dadas. A guarda real da Ilha Do Sol protegem o local, todos com armaduras e armas medievais, mas também com um colar de flores brancas nos seus pescoços, como uma forma de aliviar as suas presenças no casamento. As espetaculares e famosas auroras boreais, dançam no céu, como joias preciosas e a lua cheia também brilha no céu, junto com as magníficas estrelas, mas a minutos atrás estava encoberta pelas nuvens cinzas, após um longo dia de chuva. O clima está agradável e a alegria de quase todos presentes, ansiosos pela bela cerimônia de casamento incendeia o local com amor, paz e harmonia, exceto.)

Rei Solar:
— Todos sejam bem vindos ao nosso Castelo da Ilha do Sol!
— É um prazer ter todos aqui para essa bela cerimônia real!

(Todos se levantam e batem palmas, menos a Princesa Alnitak que está queimando de raiva por dentro.)

Pensamento Da Princesa Alnitak:
"— Malditos!"
"— Eu estou rodeada de inúteis!"
"— Pela a atração gravitacional que eu estou sentindo..."

"— Todos presentes aqui como convidados do Rei, são míseros Planetas Errantes e Luas Errantes!"
"— Inclusive esse velho Mestre seboso!"

"— As únicas Estrelas presentes aqui são as minhas irmãs e o Rei!"
"— E o único Planeta é aquele servente insolente!"

"— Ah se eu podesse matá-los..."
"— Aqui e agora!"

"— Nos polparia muito tempo!"
"— Imagina sentir o sabor dos seus sangues!"

(A Princesa Alnitak lambe os lábios sadicamente.)

Pensamento Da Princesa Alnitak:
"— Mas eu ainda não posso..."
"— Além da minha irmã inútil, Alnilam..."

"— O Rei Solar me seria um grande problema também!"

"— Eu não arriscariam enfrentar os dois juntos!"
"— Mesmo que as minhas chances de vencer, sejam altas..."
"— Uma luta aqui seria envão, com a minha mãe me sondando de Órion!"

"— Além de que..."

"— Pode haver Estrelas escondidas nessa Ilha imunda!"
"— E sabe lá, se são poderosas ou não!"
"— Pena eu não conseguir senti-las perfeitamente, devido o meu raio de alcance ser baixo!"

"— Mas..."
"— No fundo no fundo..."
"— Eu sinto algo..."
"— Algo muito estranho acontecendo!"

(A Princesa Alnitak olha para as estrelas que brilham no céu.)

Pensamento Da Princesa Alnitak:
"— Eu sinto que há mais alguém aqui, provavelmente uma Estrela!"
"— Uma Estrela muito poderosa!"
"— Protegendo essa maldita Ilha as escondidas!"

"— E deve ser por isso que..."
"— As outras constelações não conseguem encontrá-la!"
"— É como se ela não existisse no mapa!"

"— Se eu pudesse eu a mataria!"
"— Mas..."
"— O poder dessa Estrela é quase que imperceptível!"
"— E eu tenho certeza de que esse poder, não vem do Rei Solar!"
"— É alguém muito mais poderoso do que ele!"
"— Com um poder diferente, algo que eu nunca senti antes!"

"— E provavelmente..."

"— Se eu passar mais tempo por aqui, eu deixarei de senti-lo!"

"— Ele estava mais forte quando eu cruzei o céus e cheguei aqui..."
"— E agora eu quase não o sinto!"
"— Isso significa que a capacidade dele de diminuir a sua atração gravitacional e controlar a sensação da influência do seu poder, para se camuflar e se esconder, é absoluta e aumenta conforme o tempo passa!"

"— Quem será essa maldita Estrela???"

(A Princesa Alnitak olha para os lados desconfiada.)

Rei Solar:
— Mestre!
— Pode iniciar a cerimônia.

Pensamento Da Princesa Alnitak:
"— Lá vem o Mestre De Cerimônias seboso, arrancar o Reino das minhas mãos!"
"— Eu tenho que fazer algo!"

(Um Senhor com mais de 500 mil Anos-Luz de idade, se levanta com a sua bengala e caminha até o altar que está rodeado de flores, ele é o Mestre De Cerimônias que conduzirá o casamento real.)

Mestre De Cerimônias:
— Todos já estão em seus lugares?

(A sua voz envelhecida soa calma e serena, frágil como um ovo de albatroz.)

Rei Solar:
— Sim Mestre.
— Bell, o ajude por favor.

Belerofonte:
— Sim Majestade.

(O Belerofonte se aproxima, ficando ao lado dele, o ajudando a ficar em pé e o direcionando como um guia visual devido a sua idade avançada, o velho Senhor é cego dos dois olhos. O Rei Solar está um pouco mais a sua frente, a direita dele e a Princesa Alnilam também, só que a esquerda, ambos de frente um para o outro, alegres pela a nova aliança de amor, que será feita diante de todos, nessa bela noite de lua cheia.)

Mestre De Cerimônias:
— Vamos dar início então, a cerimônia real.

(E então passou alguns minutos.)

Mestre De Cerimônias:
— Rainha Alnilam do País Da Constelação De Órion...
— E o nosso querido Rei Deus, Solar.
— Eu vos declaro marido e mulher!

— Pode beijar a noiva e até que o universo os separe!
— Enfim casados!

(O Rei Solar então beija a Rainha Alnilam, enquanto as deslubrantes estrelas brilham no céu e as famosas auroras boreais dançam magníficas, como joias preciosas em uma dança mágica e celestial sobre a Ilha Do Sol. Eles se entregam em um beijo lento e suave, celebrando a união das suas almas, unidas pelo o amor que foi construido, desde o dia em que se conheceram. Os seus batimentos cardiácos aceleram, as suas mãos soam frio, as suas respirações ficam ofegantes e a chama dos seus corações se acendem, junto com as suas marcas Estelares, que reagem ao seu amor, as suas emoções e as suas felicidades.)

Mestre De Cerimônias:
— Terminaram Bel?

Belerofonte:
— Quase Mestre...

Mestre De Cerimônias:
— Não se empolguem heim meus queridos...
— Deixem para a Estrela de mel!

(Todos riem.)

Belerofonte:
— Agora sim Mestre.

Mestre De Cerimônias:
— Agora a coroa Bel.

(O Belerofonte coloca uma coroa Real na cabeça da nova Rainha da Ilha Do Sol, a Rainha Alnilam, que chora de felicidades emocionada.)

Mestre De Cerimônias:
— Palmas para...
— O nosso Rei e a nossa nova Rainha da Ilha Do Sol.

(Todos gritam, batem palmas e jogam flores azuis e brancas comemorando a coroação.)

Princesa Mintaka:
— O que???
— Você chorando???
— Eu não sabia que você chorava, sua bruxa!
— O casamento deles amoleceu o seu coração foi???

(A Princesa Mintaka sorri da Princesa Alnitak ao ver ela chorando, mas quando ela olha bem dentro dos seus olhos, ela vê eles brilhando intensamente na cor azul, com a raiva, o ódio e inveja, a consumindo por completo por dentro.)

Princesa Mintaka:
— Não!
— O que você pretende???

(A Princesa Alnitak se transforma e sai voando pelos os céus em fúria, destruindo o banco em que ela estava sentada. Todos os que estão presentes olham uns para os outros assustados, se perguntando o que foi aquilo e o que está acontecendo. Todos os soldados do Rei ficam em alerta, sacando e apontando as suas espadas.)

Rei Solar:
— Princesa Alnitak???

Rainha Alnilam:
— Irmã???

(A Rainha Alnilam e o Rei Solar se preparam para se transforma e segui-la, mas a Princesa Mintaka os interrompe com medo do que ela é capaz de fazer.)

Princesa Mintaka:
— Não!
— Podem deixar ela ir!
— É melhor assim...
— A essas horas, ela já deve estar em Órion!

(O clima fica tenso e todos olham para o céus preocupados.)

Mestre De Cerimônias:
— Não se preocupem meus queridos...
— Afinal...
— Há males que vem para o bem!
— E a Estrela Alnitak ficará bem.

— Ela só precisa desabafar com alguém, o que está sentindo em seu coração.

(Todos os presentes se sentam novamente, após ouvirem as palavras do Mestre De Cerimônias, tentando os acalmar.)

(Algumas horas depois...)

Rei Solar:
— Obrigado a todos por virem, bebam, se divirtam e fiquem a

vontade em noss castelo.
— E nunca se esqueçam...
— A minha casa é a sua casa.

(Uma grande banda de Planetas Errantes com vários instrumentos musicais, entram tocando melodias alegres, cantando e comemorando o casamento do seu Rei e da sua nova Rainha e todos juntos caminham para o grande salão real, onde um grande banquete real os aguardam.)

(3 dias depois...)

(O Rei Solar então casou-se com a Princesa que agora é a sua Rainha Alnilam e hoje a festa de comemoração completa 3 dias consecutivos. Muitos Planetas Errantes, Luas Errantes e Humanos, conflaternizão com eles em seu imenso castelo, bebendo e comendo em um majestoso banquete real. Os seus instrumentos tocam as mais belas melodias e a música é ouvida a kilometros de distância. O pôr do sol brilha no céu e a alegria toma conta da Ilha Do Sol.)

Belerofonte:
— Com licença minha Rainha, Majestade e Princesa, Desejam alguma coisa?

Rainha Alnilam:
— Não, não, muito obrigado Bel por perguntar.

Princesa Mintaka:
— Não muito obrigado Bel.

Princesa Alnitak:
— NÃO!
— SE EU QUISESSE EU TERIA MANDADO VOCÊ BUSCAR!

Pensamento Do Belerofonte:
"— Ela está de volta..."
"— E todos pensaram que ela havia ido embora..."

"— Pelas atitudes dela para comigo..."
"— Ela realmente me odeia!"

(O Belerofonte olha para o Rei Solar acenando para ele da grande mesa do banquete.)

Belerofonte:
— Estou indo Majestade.

Rei Solar:
— Bell meu querido amigo, traga mais bebidas a todos os convidados.
— E os presente-em com o ouro de lembranças do meu belo casamento que eu separei!

(Todos levantam os seus copos de rum, cheios e vazios, dando gritos de comemoração.)

Berelofonte:
— Sim Majestade...
— Mas...
— O Senhor não acha melhor ir descansar?
— Faz 3 dias que o Senhor não dorme e só está apenas bebendo.
— Estou preocupado com a sua saúde...

Rei Solar:
— Bell!
— Esse é um dos benefícios de ser uma Estrela meu querido...

(Todos sorriem.)

Berelofonte:
— Mas, Majestade...

Rei Solar:
— Não se preocupe...
— E beba comigo meu grande amigo, se alegre, esses três dias foram os dias mais felizes da minha vi...

(E então o Rei Solar cai no chão, bêbado de tanta alegria e todos correm para ajudá-lo.)

Berelofonte:
— Cuidado Majestade!
— Me ajudem soldados!
— Ele bebeu muito e não está se aguentando em pé!

Pensamento Da Princesa Alnitak:
"— Interessante..."
"— Rei tolo!"

(A Princesa Alnitak sorrir sadicamente.)

Princesa Alnitak:
— Levem o Rei para o quarto dele!
— AGORA!

(A Rainha Alnilam vem correndo com a Princesa Mintaka.)

Rainha Alnilam:
— O que houve minha irmã?

Princesa Mintaka:
— Santo Átomo!
— O Rei está bem?

Princesa Alnitak:
— Sim está, apenas bebeu demais!

Rainha Alnilam:
— Ah, entendi...
— Como eu o amo e estamos muito felizes por tudo ter dado certo.
— Deve ser esse o motivo de toda essa bebedeira...
— Mas em fim, o casamento ocorreu tudo bem.

Princesa Mintaka:
— Realmente, ele está muito feliz...

— E não via a hora desse casamento acontecer!

Rainha Alnilam:
— Eu também não minha irmã....

— Em falar nisso...
— Onde está a Bella?
— Eu não a vi durante o casamento e muito menos depois dele!
— Será que ela está bem?
— Vocês a viram?

Princesa Mintaka:
— Eu também não a vi irmã!
— Estranho...
— Ela jamais deixaria de te dar ao menos os parabéns...

Rainha Alnilam:
— Eu imaginei o mesmo.

(As duas irmãs olham para a Princesa Alnitak.)

Princesa Alnitak:
— Porque estão me olhando?
— Pergunte para o seu novo criado!
— Suas tolas inúteis!

Princesa Mintaka:
— Ignorante, ela só fez uma pergunta!
— Não ligue para essa chata irmã...

— A Bella deve ter ficado em casa com as crianças.
— Soube que a filha mais nova dela, a Naomi é uma fofurinha!
— E a outra filha sonha em ser uma cientista como eu!
— Fora que os dois garotinhos querem se tornar grandes guerreiros!

Rainha Alnilam:
— É mesmo né...
— Ela ama os filhos como ninguém!

— Estou anciosa para conhece-los!

Princesa Mintaka:
— Realmente!
— Eles são tudo para ela!

— Assim como o Rei Solar agora é para você!
— Vocês dois possuem a mesma vontade e necessidade de proteger os Planetas Errantes e os seus descendentes como ninguém e isso foi o que os uniu.
— Realmente vocês foram feitos um para o outro!

(A Rainha Alnilam sorrir ficando com as bochechas vermelhas de vergonha.)

Princesa Alnitak:
— Quem te perguntou alguma coisa?!

Princesa Mintaka:
— Invejosa!
— Com essa sua chatice, você vai acabar velha e encalhada!

Princesa Alnitak:
— CALE-SE SUA MIMADA!

Princesa Mintaka:
— RABUGENTA!

(A Princesa Mintaka mostra a língua para a Princesa Alnitak.)

Princesa Alnitak:
— EU VOU ARRANCAR A SUA LÍNGUA!

(A Princesa Alnitak sai correndo atrás da Princesa Mintaka.)

Princesa Mintaka:
— SOCORRO...
— A VELHA RABUGENTA QUER ME ATACAR!
— SAI DAQUI VELHA RABUGENTA!

Princesa Alnitak:
— VOLTE AQUI SUA INÚTIL MIMADA!
— EU VOU ACABAR COM VOCÊ!

(Todos que as olham sorriem.)

(Algumas horas depois, após o pôr do sol...)

Rainha Alnilam:
— Irmãs, Precisamos voltar ao reino hoje para resolver alguns problemas pendentes a mando do papai...
— Fora que também, eu preciso trazer minhas coisas para cá de navio na volta, afinal irei morar aqui agora definitivamente!
— Vocês podem me ajudar?

Princesa Mintaka:
— Eu posso!
— Eu irei com você irmã!

Rainha Alnilam:
— Perfeito...
— Posso contar com você também irmã?

Princesa Alnitak:
— NÃO!
— Eu irei ficar aqui para fazer companhia para os convidados e mantê-los em ordem!

Rainha Alnilam:
— Ok...
— Tudo bem irmã...
— Ah, por favor avise ao Rei quando ele acordar que eu fui para Órion e em breve eu estarei de vo...

Princesa Alnitak:
— NÃO ME DÊ ORDENS!
— VOCÊ NÃO É A MINHA RAINHA!

(Todos olham para a Princesa Alnitak perplexos.)

Rainha Alnilam:
— Desculpe minha irmã, mas não foi uma ordem, foi apenas um pedido.

Princesa Mintaka:
— Não liga irmã...
— Ela é rabugenta como sempre!
— Isso se chama...
— INVEJA!

(A Princesa Mintaka mostra língua para a Princesa Alnitak.)

Princesa Alnitak:
— Ai tá bom!
— Sumam logo da minha frente!

Rainha Alnilam:
— Tudo bem então, Vamos irmã?

Princesa Mintaka:
— Vamos!

(Raio de Luz)

Princesa Mintaka:
— TCHAL SUA INVEJOSA!

Princesa Alnitak:
— OLHA SUA INSO...

(Raio de Luz)

(A Princesa Alnitak tenta pegar o pescoço da Princesa Mintaka, mas na mesma hora ela desaparece em um Raio De Luz azul.)

Pensamento Da Princesa Alnitak:
"— Insolente!"

(A Princesa Alnitak respira fundo e olha para o grande salão real cheio de moradores da Ilha Do Sol que ainda estão comemorando o casamento real.)

Pensamento Da Princesa Alnitak:
"— Perfeito!"
"— Saiu tudo como planejado!"
"— Obrigado papai!"

"— Agora..."
"— É a minha chance de agir..."
"— Mas para isso..."
"— Não pode haver nenhuma testemunha!"

(Ela então caminha em direção ao grande salão real silenciosamente.)

Pensamento Da Princesa Alnitak:
"— Eu não posso desperdiçar essa oportunidade!"
"— Eu não posso deixar isso barato!"

"— Esse Reino..."
"— Era pra ser meu!"
"— Não dela!"

"— Era para mim ter se tornado a Rainha Da Ilha Do Sol!"
"— O Rei Deus era pra ter sido o meu marido!"
"— E depois..."
"— Eu seria a única a Reinar!"

"— Então já que não foi por bem..."
"— Será por mal!"

(Enquanto isso, o Belerofonte observa tudo de longe e do alto, através de uma das janelas da torre do castelo, onde fica o quarto real do Rei.)

Pensamento Do Belerofonte:
"— Por que a Princesa Alnitak ficou aqui e não foi embora com as suas outras irmãs???"
"— Ou melhor..."

"— Para que???"

(Ele com a sua mão direita, enche uma jarra de vidro com água vinda da sua marca planetária e a deixa ao lado da cama do Rei Solar para caso ele acorde, ele beba.)

Pensamento Do Belerofonte:
"— Algo me diz que..."
"— Temos que ter muito cuidado com ela!"

(Som de batidas na porta do quarto.)

Belerofonte:
— Só um minuto!

(Som de batidas na porta do quarto.)

Belerofonte:
— Eu já estou indo...

(Som de batidas na porta do quarto.)

Pensamento Do Belerofonte:
"— Descanse bem meu Rei..."
"— Amanhã espero que o Senhor esteja melhor.)

(O Belerofonte assopra levemente, apagando todas as velas ao redor do quarto real simultaneamente, com apenas um sopro e caminha até a porta para sair.)

Pensamento Do Belerofonte:
"— Quem será que é?"

(Ele abre a porta do quarto real.)

Soldado:
— Senhor!
— A Senhorita Bella te aguarda no grande salão real.

Belerofonte:
— A Senhorita...

— Bella?

Pensamento Do Belerofonte:
"— O que será que aconteceu para ela vir atrás de mim assim..."
"— Em plena a comemoração de casamento?"
"— Isso é muito arriscado, poderemos ser descobertos!"

(O Belerofonte olha para os soldados que fazem a guarda na frente do quarto real.)

Belerofonte:
— Soldados!
— Protejam o quarto do Rei.
— Ele está descansando profundamente!
— Então, não permitam a entrada de ninguém antes de me contactar!

Soldados:
— Sim Senhor!

(O Belerofonte caminha em direção ao grande salão real.)

Pensamento Do Belerofonte:
"— Todos já foram embora???"
"— Mas..."
"— Por que???"
"— A comemoração já acabou???"

(O Belerofonte olha ao redor de todo o grande salão real e não vê ninguém, além de todo o salão bagunçado, com copos e cadeiras caídos por todos os lados, como se todos os que estavam presentes tivessem saído correndo as pressas. Ele caminha até a mesa que fica no centro do salão e pega um dos copos de rum e o olha para dentro dele.)

Pensamento Do Belerofonte:
"— Eles nem terminaram de beber todo o rum como de costume!"
"— É raro moradores da Ilha não beberem até esvaziarem o copo!"
"— Essa é a tradição!"

"— Então..."
"— O que foi que aconteceu aqui???"

(Ele ouve um assubio fino e fraco, vindo do fundo do grande salão, onde as luzes das lamparinas não iluminam, ele abre a sua mão direita e uma chama de fogo surge iluminando todo o local. Ele olha atentamente caminhando e se aproximando lentamente. O suspense da situação o arrepia na espinha, mas ele continua caminhando e quando ele se aproxima o suficiente para olhar, ele a vê, chorando silenciosamente, lá no fundo, escondida atrás de um dos grandes vasos de flores do castelo.)

Belerofonte:
— Bella???
— O QUE HOUVE???

(Ele corre para perto da Senhorita Bella e a levanta do chão. Ela está suja, com manchas de sangue seco por todas as partes do seu corpo. Com a sua perna e com algumas costelas quebradas. Se movimentando com muita dificuldade.)

Belerofonte:
— Me responda Bella???
— Por que você está chorando???
— O que aconteceu???
— Que manchas são essas???
— O que houve com a sua perna???

(Ele a toca no queixo e levanta o seu rosto.)

Bella:
— Ela os matou!

(Ele fica paralisado ao ouvir o que ela falou.)

Belerofonte:
— O que você disse???

Bella:
— Ela...
— Os matou!

Belerofonte:
— Do que você está falando Bella???
— Quem matou quem???

Bella:
— A Princesa Alnitak!
— Ela matou...
— Ela matou todos os nossos filhos!

Belerofonte:
— Os nossos filhos???
— Mas...
— Quais filhos???
— Nós...
— Não temos filhos Bella!

(A Bella começa a chorar incontroladamente.)

Bella:
— Eu menti para você!
— E de alguma forma, ela descobriu!

Belerofonte:
— Você mentiu para mim???
— Do que você está falando???

Bella:
— Os meus quatro filhos...
— Não eram do meu marido...
— Eu descobri em Órion que ele é estério, desde o nascimento!

— Então...
— Os meus filhos...
— Os meus quatro queridos bebês...

— Eram todos seus!

Belerofonte:
— O que???

(O sembrante do Belerofonte muda, na mesma hora o seu coração acelera e ele começa a suar frio.)

Belerofonte:
— Mas...
— Mas...
— Você nunca me falou nada!
— Por que???

Bella:
— Eu guardei esse segredo comigo...
— Pois eu sabia que se eu e você fossemos descobertos, seriamos mortos por traição por causa das leis rígidas do reino!

Pensamento Do Belerofonte:
"— *Então...*"
"— *Eu sou o pai dos quatro filhos dela???*"
"— *Não pode ser...*"
"— *Se o Rei e o Capitão descobrirem isso...*"
"— *Eu com toda certeza estarei...*"
"— *Morto!*"

(Ela continua chorando incontroladamente e ele a olha paralisado.)

Bella:
— Mas agora é tarde demais!

Belerofonte:
— Tarde demais?
— Por que?

(O Belerofonte a olha nos olhos confuso e preocupado.)

Bella:
— Ela os matou!
— Ela matou todos eles!

Belerofonte:
— Não pode ser...
— Ela os matou???
— Todos eles???
— Todos os nossos filhos???
— Então era isso o que você estava dizendo!

(Os olhos do Belerofonte se enchem de lágrimas e a sua alma entra em desespero.)

Bella:
— Sim...
— Todos eles!
— Todos os meus bebes!

(A Bella por estar gravemente ferida internamente e externamente, chora sangue pelos os olhos, ao lembra do que aconteceu a 3 dias atrás.)

Bella:
— Ela apareceu no quarto deles de madrugada...
— E os matou brutalmente!
— E eu não pude os defender!

— Meus bebês!
— Meus pobres e inocentes bebês!
— Ela os tirou cruelmente de mim!

(Ela cai em cima do Belerofonte chorando descontroladamente e ele o abraça.)

Pensamento Do Belerofonte:
"— Maldita, isso deve ter acontecido, no dia da cerimônia..."
"— Quando ela saiu voando transformada sem explicação!"

Belerofonte:
— E o que ela te disse?

Bella:
— Ela também me ameaçou!
— E disse que...

Princesa Alnitak:
— Eu iria te matar, com as minhas própias mãos!
— E iria garantir que você sofresse...
— Mas do que os seus filhos sofreram!

(Os olhos dos dois se arregalam de medo ao ouvir uma voz tenebrosa, vinda de dentro do salão real e os olhos azuis da Princesa Alnitak começam a brilhar intensamente na escuridão, atrás do Belerofonte.)

Bella:
— Bell!
— Ela está atrás...
— De você!

(No momento em que o Belerofonte vai se virar para olhar, a Princesa Alnitak o ataca violentamente com um golpe poderoso e ele é arremeçado para longe, atingindo a parede do castelo e destruindo tudo pelo o seu caminho.)

Princesa Alnitak:
— É hora de cumprir a minha promessa!
— Bella!

(A Princesa sorrir sadicamente.)

Bella:
— NÃOOOOOOOOOOOOOOOOOOO!

(A Princesa Alnitak pega a Bella pelo o pescoço com a mão direita e a levanta do chão a enforcando.)

Bella:
— SO-...
— CO-...
— RRO!!!

(Algumas faíscas elétricas começa a sugir pelo o corpo da Princesa Alnitak, que está pronta para matar a Bella com a sua alta voltagem, enquanto ela se debate sendo estrangulada e a Princesa continua sorrindo sadicamente, ansiosa para ver a sua morte e o seu sangue.)

Princesa Alnitak:
— E AGORA???
— QUEM VAI TE PROTEGER???

— A SUA MÃE BELLATRIX???
— A MINHA MÃE BETEGEUSE?
— OU AS DUAS INÚTEIS DAS MINHAS IRMÃS???

(A Bella sussurra.)

Bella:
— Assa-
— Ssina!
— Você matou...
— Os meus...
— Filhos!

Princesa Alnitak:
— O que você disse sua insolente???

(A Princesa Alnitak aperta o pescoço dela mais forte e o ódio misturado com raiva transparece em sua face. Os olhos da Princesa começam a brilhar mais intensamente na cor azul e então a Bella começa a sentir a corrente elétrica de alta voltagem, entrando velozmente para dentro do seu corpo.)

Princesa Alnitak:

— MORRA!
— (...)

Belerofonte:
— SOLTA ELA!

(Som de espada.)

Princesa Alnitak:
— MALDITOOOOOOOOOOOOOOOOOOOOOO!
— A MINHA MARCAAAAAAAAAAAAAAAAA!

(O Belerofonte com a sua espada afiada, acerta em cheio o pulso direito da Princesa Alnitak, onde fica a sua marca Estelar e ela grita muito alto de ódio e raiva.)

Princesa Alnitak:
— SEU MALDITOOOOOOOOOOOOOOOOOOOOOO!
— SEU MALDITOOOOOOOOOOOOOOOOOOOOOO!
— SEU MALDITOOOOOOOOOOOOOOOOOOOOOO!

Pensamento Do Belerofonte:
"— Não..."
"— Não pode ser!"
"— A marca dela..."

(Os gritos de raiva da Princesa Alnitak começam a assustar o Belerofonte, enquanto ele olha para a sua espada, as suas pernas tremem e a sua alma gela.)

Pensamento Do Belerofonte:
"— A marca dela..."
"— A marca dela..."

Princesa Alnitak:
— SEU MALDITOOOOOOOOOOOOOOOOOOOOOO!
— SEU MALDITOOOOOOOOOOOOOOOOOOOOOO!
— SEU MALDITOOOOOOOOOOOOOOOOOOOOOO!

Pensamento Do Belerofonte:

"— A marca dela..."
"— Quebrou..."
"— A minha espada!"

(Ele olha para a Princesa nos olhos.)

Princesa Alnitak:
— SEU MALDITOOOOOOOOOOOOOOOOOOOOOO!
— VOCÊ SE ESQUECEU...
— QUE EU SOU UMA ESTRELA???

(O ataque suspresa do Belerofonte, não causou dano algum a marca da Princesa Alnitak, somente fez com que aumentasse a sua raiva pela insolência e por isso ela começa a gargalha sadicamente furiosa, como um animal feroz, pronto para caçar e devorar a sua presa. A Bella enquanto isso, ainda permanece sendo enforcada pelo o pescoço, a beira da morte.)

Pensamento Do Belerofonte:
"— Eu falhei!"
"— Ela é muito mais forte do que eu imaginava!"

Princesa Alnitak:
— PELA A SUA INSOLÊNCIA PLANETA ESTÚPIDO!
— VOCÊ TAMBÉM MERECE A MORTE!

(A Princesa Alnitak também pega o Belerofonte pelo o pescoço e o levanta do chão, segurando os dois simultaneamente.)

Pensamento Do Belerofonte:
"— Ela está acumulando eletricidade!"
"— E quando ela descarregar..."
"— Será o fim!"

(Ele tenta se soltar mais a força Estelar da Princesa é absurdamente superior a sua força Planetaria.)

Princesa Alnitak:
— VOCÊ SERÁ O PRIMEIRO!

— MORRA!

(A Princesa Alnitak descarrega uma grande quantidade de energia elétrica pelo o seu braço esquerdo no Belerofonte, que começa a se debate violentamente ao ser eletrecutado pela alta voltagem.)

Princesa Alnitak:
— Como isso é prazeroso!
— Vê-lo sofrer se debatendo em minhas mãos!

(Ela lambe os lábios sensualmente ao vê-lo sendo eletrecutado.)

Princesa Alnitak:
— Você Bella espera só mais um pouquinho...
— Já já será a sua vez!
— Eu quero ver você sofrendo muito mais lentamente, assim como eu te prometi!

(Uma grande quantidade de fumaça surge do corpo do Belerofonte ao receber a alta voltagem e a Princesa Alnitak se surpreende.)

Pensamento Da Princesa Alnitak:
"— O QUE???"
"— ESSA FUMAÇA VINDA DO CORPO DELE???"
"— QUE CHEIRO É ESSE???"
"— ISSO NÃO É CHEIRO DE CARNE DE PORCO QUEIMADA!"

(A mão esquerda da Princesa Alnitak eletrificada com alta voltagem, passa direto pelo o pescoço do Belerofonte, que acaba de deixar de ser sólido e físico.)

Pensamento Da Princesa Alnitak:
"— NÃOOOO!"
"— O QUE ESTÁ ACONTECENDO???"
"— ELE DESAPARECEU DA MINHA MÃO???"
"— E VIROU..."

"— FUMAÇA!"

(Som de espadas vindo de quatro direções.)

Princesa Alnitak:
— Aiiiiiiiiiiiiiiiii!

Pensamento Da Princesa Alnitak:
"— O QUE É ISSO???"
"— ESPADAS???"

(A Princesa Alnitak é perfurada violentamente de quatro direções e as espadas atravessão profundamente o seu corpo, a fazendo gritar de dor e a soltar a Bella imediatamente.)

Pensamento Da Princesa Alnitak:
"— MALDITO!"
"— QUEM SERÁ QUE..."

(Ela olha ao redor dela e vê quatro galácticos, segurando as espadas que estão cravadas profundamente em seu corpo.)

Pensamento Da Princesa Alnitak:
"— MALDITO!"
"— É ELE!"
"— SÃO TODOS CLONES DO..."
"— BELEROFONTE!"

(Ela cai de joelhos no chão sangrando por todos os lados do seu corpo, pela boca, pelos os olhos e pelos os ouvido, mas eles continuam empurrando as suas espadas a traspansando firmemente, cada vez mais sem piedade, perfurando todos os seus órgãos vitais.)

Pensamento Da Princesa Alnitak:
"— ENTÃO..."
"— O PRIMEIRO QUE EU PEGUEI ERA UM CLONE!"
"— MALDITO!"
"— ELE ME ENGANOU COM UM MALDITO CLONE!"

"— ELE POR SER UM PLANETA..."
"— DEVE DOMINAR O PODER DOS CINCO ELEMENTOS!"
"— POR ISSO ELE CONSEGUIU SE CLONAR TÃO PERFEITAMENTE SEM QUE EU PERCEBESSE!"

"— ELE PAGARÁ CARO POR ISSO!"

(Ela olha nos olhos dos quatro clones do Belerofonte ao seu redor, que permanecem enfiando as suas espadas profundamente, usando todas as suas forças.)

Princesa Alnitak:
— SEU MALDITOOOOOOOOOOOOOOOOOOOOOOOO!
— INSOLENTE!

(Os olhos da Princesa Alnitak começam a brilhar mais intensamente na cor azul e uma grande descarga elétrica surge do seu corpo eletrecutando todos os quatro clones que estão segurando as espadas, fazendo com que todos eles desapareção virando fumaça.)

Princesa Alnitak:
— EU VOU TE MATAR!

(O Belerofonte aparece a frente do grande salão, caminhando em direção a Princesa e ela o vê se aproximando lentamente.)

Princesa Alnitak:
— MALDITO!
— VENHA!
— EU VOU TE MATAR!
— DA PIOR FORMA POSSÍVEL!

(Ele continua se aproximando tranquiamente e ela se levanta do chão em fúria, ainda com as espadas encravadas em seu corpo ensaguentado.)

Princesa Alnitak:
— MALDITO!

— EU VOU CORTAR A SUA CABEÇA...

— AS SUAS PERNAS...

— OS SEUS BRAÇOS...

— E DAREI PARA OS CÃES COMEREM!

— E VOU USAR A SUA MARCA COMO UM TROFÉU!

(Ela começa a tirar uma espada de cada vez.)

(Som de espada caindo no chão.)

Pensamento Da Princesa Alnitak:
"— EU NÃO POSSO PERDER TEMPO AQUI!"
"— EU TENHO QUE APROVEITAR A EMBRIAGUES DO REI PARA MATÁ-LO..."
"— ANTES QUE ELE ACORDE!"
"— EU NÃO ESPERAVA TER QUE LUTRA COM ESSE SERVENTE INÚTIL!"

(Som de espada caindo no chão.)

(Som de espada caindo no chão.)

Pensamento Da Princesa Alnitak:
"— A MINHA REGENERAÇÃO..."
"— É ABSOLUTA..."

"— E MESMO QUE EU TENHA GASTADO MUITA ENERGIA MATANDO TODOS OS SOLDADOS DESSA MALDITA ILHA!"
"— EM BREVE, EM QUESTÃO DE SEGUNDOS..."
"— EU ESTAREI COMPLETAMENTE CURADA!"

"— JÁ ESSE MALDITO..."
"— ESTARÁ MORTO!"

"— EU ME PREPAREI MUITO BEM PARA ISSO!"

(Som de espada caindo no chão.)

Pensamento Da Princesa Alnitak:
"— PRONTO!"

"— RETIREI A ÚLTIMA ESPADA!"

(Ela olha nos olhos do Belerofonte.)

Princesa Alnitak:
— VOCÊ GOSTA DE ESPADAS NÃO É MESMO???

(O Belerofonte chega bem perto da Princesa Alnitak olhando em seus olhos.)

Princesa Alnitak:
— ENTÃO...
— O QUE ACHA DESSAS ESPADAS AQUI???

(A Princesa com o seu poder elétrico, cria duas longas espadas elétricas azuis, uma em cada mão e sorri sadicamente para o Belerofonte que já está na sua frente.)

Princesa Alnitak:
— VOCÊ PODIA TER FUGIDO ENQUANTO TEVE A CHANCE!
— AGORA É TARDE DEMAIS!
— MORRAAAAAAAAAAAAAAAA!

(Ela levanta as espadas elétrica rapidamente para matá-lo com um golpe fatal, mas fica paralisada imediatamente.)

Pensamento Da Princesa Alnitak:
"— HÃM???
"— O QUE É ISSO???"

(Ela tosse sangue.)

Pensamento Da Princesa Alnitak:
"— O QUE ESTÁ ACONTECENDO???"

(Ela cai de joelhos no chão.)

Pensamento Da Princesa Alnitak:
"— O MEU CORPO..."

(As espadas elétricas desaparecem de suas mãos.)

Pensamento Da Princesa Alnitak:
"— ISSO É..."

(Ela coloca a mão tampando o rosto e o seu coração dispara.)

Pensamento Da Princesa Alnitak:
"— ISSO É VENENO!"

(O corpo dela começa a tremer, ela perde todas as suas forças e começa a respirar ofegante. Então o Belerofonte passa direto por ela e pega a Bella que estava caída atrás das suas costas, desacordada. Ele a pega no colo e a carrega, levando ela consigo para longe da Princesa Alnitak.)

Pensamento Da Princesa Alnitak:
"— MALDITO!"
"— TODOS AQUELES CLONES..."
"— ELES VIRARAM FUMAÇA QUANDO DESAPARECERAM..."
"— ENTÃO NA VERDADE..."
"— AQUILO NÃO ERA FUMAÇA!"

"— NA VERDADE AQUELA FUMAÇA ERA..."
"— VENENO!"

(Uma forte tontura que distorce todos os seus sentidos, faz com que a Princesa Alnitak perca a visão.)

Pensamento Da Princesa Alnitak:
"— SE ME LEMBRO BEM..."
"— ESSE DESERTOR..."
"— ERA DO PAÍS DA CONSTELAÇÃO DE PÉGASO, A MAIOR DAS DEZ GRANDES CONSTELAÇÕES..."
"— POR ISSO ELE É UM PLANETA DE ELITE, TÃO HABILIDOSO QUANTO UMA ESTRELA!"

"— ELE TRAIU A SUA PRÓPRIA CONSTELAÇÃO EM TROCA DA SUA VIDA, QUANDO INVADIO A ILHA DO SOL COM AS OUTRAS ESTRELAS E PERDEU!"

"— E PARA NÃO MORRER, SE JUNTOU AO MALDITO REI SOLAR."

"— INSOLENTE!"
"— EU O SUBESTIMEI!"

(Ela ainda com a mão sobre o seu rosto, levanta a cabeça rapidamente com os olhos brilhando e volta a gargalhar sadicamente.)

Princesa Alnitak:
— PRONTO!
— CONSEGUI!
— HAHAHAHAHA!

(Faíscas elétricas voltam a surgir pelo o seu corpo.)

Princesa Alnitak:
— ESSE SEU VENENO NÃO É NADA PARA MIM!
— MALDITO PLANETA GASOSO!

— VOCÊ SE ESQUECEU DO QUE EU DISSE???
— EU SOU UMA ESTRELA SEU TOLO!
— UMA ESTRELA!

(A Princesa Alnitak, enquanto estava com a mão em seu rosto, estava usando o próprio veneno do Belerofonte presente em suas células e em todo o seu corpo, para criar o seu próprio antídoto usando o seu poder estelar. Com isso ela conseguiu se curar rapidamente e se adaptar ao veneno poderoso, que agora não tem mais efeito em seu corpo, mesmo que seja atacada por ele novamente.)

Princesa Alnitak:
— VOLTE AQUI!
— MALDITOS!
— EU AINDA NÃO ACABEI COM VOCÊS!

(Ela o vê se afastando, caminhando com a Bella em seu colo.)

Princesa Alnitak:
— (Transformação.)

(A Princesa se transforma como um raio surgindo no céu e flutuando sob a gravidade, ela avança na velocidade da luz para matá-los com um golpe fatal, de alta intensidade elétrica.)

Princesa Alnitak:
— MORRAAAAAAAAAAAAAAAAAAAAAAAAM!

(Quando ela os ataca brutalmente com os seus braços transformados, eles desaparecem instantaneamente.)

Princesa Alnitak:
— Malditos!
— Eles viraram...
— Fumaça!

(Ela respira fundo, ardendo em raiva e ódio, e então ela sacode os cabelos e se destranforma lentamente, com todas as suas feridas completamente curadas.)

Pensamento Da Princesa Alnitak:
"— MALDITOS!"

"— SE EU TIVESSE ME TRANSFORMADO DESDE O INÍCIO ELES NÃO TERIAM A MENOR CHANCE DE ESCAPAR!"
"— SORTE QUE EU O SUBESTIMEI E NÃO O ATAQUEI COMO DEVERIA!"

"— E COMO ELE SABIA QUE NÃO CONSEGUIRIA ME MATAR..."
"— ENTÃO..."
"— ELE ME ENGANOU PARA SALVÁ-LA E FUGIR!"

"— SINTO QUE ELES NÃO ESTÃO LONGE..."
"— ENTÃO SE EU QUISESSE, EU PODERIA ATÉ MATA-LOS AGORA, NESSE EXATO MOMENTO!"
"— MAS..."
"— O DIA DELES VAI CHEGAR..."

"— AGORA EU TENHO UMA ÚNICA PRIORIDADE!"

(Ela então saindo do grande salão real, caminha sensualmente pelos corredores do castelo da Ilha Do Sol, passando por todos os soldados mortos caídos no chão, que ela havia matado eletrecutados antes do seu combate com o Belerofonte.)

Pensamento Da Princesa Alnitak:
"— Como isso é prazeroso..."
"— Ver tanto..."
"— Sangue por todos os lados!"

(Ela sorrir sadicamente.)

Pensamento Da Princesa Alnitak:
"— Agora é hora do prato principal!"

(Ela começar a lamber e a morder os seus próprios lábios os fazendo sangrar até escorrer pelo o seu próprio pescoço.)

Pensamento Da Princesa Alnitak:
"— Enfim..."
"— Chegou o grande dia..."

(Ela para de frente para a porta do quarto real e segura a maçaneta.)

Pensamento Da Princesa Alnitak:
"— Eu esperei tanto por esse momento!"

(Ela gira a maçaneta.)

Pensamento Da Princesa Alnitak:
"— Hoje eu terei a minha coroa!"

(Som da porta do quarto real se abrindo lentamente.)

Pensamento Da Princesa Alnitak:
"— E lá está ele!"
"— Deitadinho!"

"— Bebado!"
"— E indefeso!"

(A pupila dos olhos dela se dilata. A lingua dela saliva se misturando com o sangue dos seus lábios, que escorre continuamente. Ela coloca os dedos na boca. Sentindo um imenso prazer, como uma fera sanguinária, ao ver uma presa indefesa.)

Pensamento Da Princesa Alnitak:
"— Eu quero ver a cor do seu..."
"— Sangue!"
"— Maldito Rei Deus!"

Rei Solar:
— Alnilam?
— Meu amor?
— É você?

(O coração da Princesa Alnitak acelera, parada na porta do quarto real e então ela sorrir sadicamente.)

Princesa Alnitak:
— Sim meu amor...

(Som da porta se fechando lentamente.)

Princesa Alnitak:
— Sou...
— EU!

(Os olhos da Princesa Alnitak se acendem, brilhando intensamente na cor azul na escuricão do quarto real. Enquanto lá fora acima do grande Castelo do Rei Solar, raios, relâmpagos e trovões surgem, caindo, brilhando e rugindo nos céus da magnífica, deslumbrante e espetacular Ilha Do Sol.)

(Continua...)

(A Lua Cheia brilha no céu.)

(Raio De Luz.)

(Raio De Luz.)

(Raio De Luz.)

(Raio De Luz.)

**(Quatro Estrelas acabam de chegar no
Extraordinário Pálacio do
País Da Constelação De Pégaso.)**

(Som de passos.)

(Som de passos.)

(Som de passos.)

(Som de passos.)

**(Os seus passos apressados, são ouvidos por milhares
de Soldados Galácticos Estelares, que marcham de
armadura, preparados para uma grande guerra.)**

(Som de passos.)

(Som de passos.)

(Som de passos.)

(Som de passos.)

(Som da porta de vidro do Palácio se abrindo.)

(Som de passos.)

(Som de passos.)

(Som de passos.)

(Som de passos.)

(Dois olhos Estelares azuis, brilham intensamente sobre o trono e se refletem sobre a lâmina de uma tenebrosa Foice Galáctica.)

Estrela Markab:
— Mandou nos chamar...
— Majestade?!

Estrela Alpheratz:
— Majestade!

Estrela Scheat:
— Majestade!

Estrela Algenib:
— Majestade!

(As quatro Estrelas se curvam, uma de cada vez diante do poderoso Rei em seu majestoso trono. Uma voz masculina, fria e sómbria é ouvida, ressoando como um trovão, por todo o interior do Extraordinário Palácio.)

Rei Epsilon Pegasi:
— Quadrado De Pégaso!
— Enfim...

— Encontramos...
— A Ilha Do Sol!

— Então...
— Matem...
— Todos!

— E tragam a marca do Sol...
— Para mim!

— (Criação Demôniaca!)

— Ele vos mostrará o caminho!

(O Quadrado De Pégaso sorrir e todos os seus olhos Estelares se acendem como chamas de fogo ardente, brilhando intensamente.)

(Raio De Luz.)

(Raio De Luz.)

(Raio De Luz.)

(Raio De Luz.)

(Raio De Trevas.)

(E todos eles desaparecem!)

(O Rei Epsilon Pegasi fecha os olhos.)

Rei Epsilon Pegasi:
— Esse é apenas o princípio do...

— Fim.